GitHub Copilot编程指南

利用AI更快地编写更好的代码

[美] 库尔特·道斯韦尔(Kurt Dowswell) 著

禚娴静 译

Programming with GitHub Copilot

Write Better Code-Faster

Copyright © 2024 by John Wiley & Sons, Inc. All rights, including for text and data mining, AI training, and similar technologies, are reserved.

All rights reserved. This translation published under license. Authorized translation from the English language edition, entitled *Programming with GitHub Copilot: Write Better Code-Faster!*, ISBN 9781394263370, by Kurt Dowswell, Published by John Wiley & Sons. No part of this book may be reproduced or transmitted in any form or by any means, electronic or mechanical, including photocopying, recording or any information storage and retrieval system, without permission from the publisher.

本书中文简体字版由John Wiley & Sons公司授权机械工业出版社独家出版。未经出版者书面许可，不得以任何方式抄袭、复制或节录本书中的任何部分。

本书封底贴有Wiley防伪标签，无标签者不得销售。

北京市版权局著作权合同登记　图字：01-2024-4513号。

图书在版编目（CIP）数据

GitHub Copilot编程指南：利用AI更快地编写更好的代码 /（美）库尔特·道斯韦尔 (Kurt Dowswell) 著；禚娴静译 . -- 北京：机械工业出版社，2025.4.
（程序员书库）. -- ISBN 978-7-111-77925-4

I. TP18

中国国家版本馆CIP数据核字第20259KF105号

机械工业出版社（北京市百万庄大街22号　邮政编码100037）
策划编辑：刘　锋　　　　　　　责任编辑：刘　锋　冯润峰
责任校对：刘　雪　张雨霏　景　飞　责任印制：单爱军
保定市中画美凯印刷有限公司印刷
2025年5月第1版第1次印刷
186mm×240mm・17.25印张・370千字
标准书号：ISBN 978-7-111-77925-4
定价：99.00元

电话服务　　　　　　　　　　网络服务
客服电话：010-88361066　　　机　工　官　网：www.cmpbook.com
　　　　　010-88379833　　　机　工　官　博：weibo.com/cmp1952
　　　　　010-68326294　　　金　　书　　网：www.golden-book.com
封底无防伪标均为盗版　　　　机工教育服务网：www.cmpedu.com

The Translator's Words 译者序

过去的半年，我有幸深入体验 GitHub Copilot，并参与了这一工具在 Thoughtworks 内部项目中的学习和使用推广。在这一过程中，我首次通过 GitHub Copilot 的强大功能深切领略到了 AI 辅助编程的魅力，甚至打消了此前的诸多顾虑。GitHub Copilot 宛如一位与我合作多年的程序员同事，每当我写下一个开头，完成一个操作或者提出一个问题时，它总能准确地理解我的意图，并讯速给出回应，无论是代码片段还是下一步的建议。恍惚之间，我松开键盘，不禁忆起了当年在 Thoughtworks 北京办公室的那段编程时光以及许多老朋友。

机缘巧合之下，我接到了本书的翻译任务，这让我感到无比荣幸。能够以译者的身份，将高级软件开发工程师和 GitHub 社区贡献者 Kurt Dowswell 的精彩著作呈现给中文读者，我深感自豪。

我们都清晰地看到，人工智能正逐步改变我们开展编程工作的方式，各类 AI 工具如雨后春笋般涌现。在众多工具之中，GitHub Copilot 无疑是最为耀眼的一个，赢得了广泛的社区好评。本书应运而生，目的是帮助读者在 AI 2.0 时代全面了解并高效利用这个强大的 AI 编程助手，从而在这个快速变化的技术环境中与时俱进，始终保持个人和组织的卓越性。

本书分为四部分，涵盖了 GitHub Copilot 从基础到高级的多方面内容，包括从基本的代码补全、学习新语言、编写测试、重构代码、调试诊断以及处理复杂的 CI/CD 流程，到如何将它融入软件开发的全周期中，如何协助确保代码安全以及如何负责任地使用等内容，其中：

第一部分是 GitHub Copilot 的入门知识，介绍基本概念、安装配置及试运行方法等；

第二部分是 GitHub Copilot 的功能实战，包括代码补全的实际使用、与 Copilot 的对话及高效编程技巧；

第三部分是 GitHub Copilot 的实际应用技巧，涉及学习新语言、编写单元测试、诊断和修复错误、代码重构、增强代码安全性、通用转换以及处理复杂的 CI/CD 流程；

第四部分是 GitHub Copilot 的核心见解与高阶应用，包括如何负责任地使用、如何将它融入软件开发全生命周期，以及商业版和企业版的额外控制和安全特性等。

本书是一本了解和掌握 GitHub Copilot 及 AI 编程的实用参考书。作者在书中提供了丰富的示例和实用技巧，无论是编程新手还是经验丰富的开发者，都能跟随书中示例进行练习，轻松上手 GitHub Copilot，体验这种高效、智能的编程交互方式的实际效果。或许你也会像我一样重新审视 AI 编程，打消顾虑。

此外，本书也适合那些希望在组织中采纳和推广 GitHub Copilot 的团队阅读。在第四部分，作者分析了在企业中采纳 GitHub Copilot 需要考虑的各个方面。尤其是第 14 章提出的 AI 在企业软件开发生命周期的集成成熟度评估层级，从最初级的无流程状态（0 级）到最高级的组织优化 AI 工具实施（5 级），为在组织中实施和评估提供了宝贵的视角。

随着人工智能技术的不断进步，像 GitHub Copilot 这样的 AI 驱动编程工具正在为软件开发带来新的机遇和挑战。因此，理解和掌握这些新技术，将是每位程序员和每个软件开发组织面临的重要课题。

在此，衷心感谢作者 Kurt Dowswell 以及所有参与本书出版的团队成员。希望本书能为大家在编程中提供帮助和启发，让我们一同迎接 AI 驱动的未来。

禚娴静

Preface 前　言

欢迎阅读本书，这是一本关于 GitHub Copilot 的全面使用指南。随着编程的演进，开发工具和技术需要适应日益复杂的项目和更高效的开发需求。GitHub Copilot 的出现代表了代码编写方式的重大变革，它将成为软件从业者未来编程过程中的得力助手。

GitHub Copilot 不仅是一种工具，它还在重塑结对编程的概念。传统的结对编程需要两名程序员在同一个工作站共同协作以编写更好的代码，而 GitHub Copilot 则是随时在线的 AI 编程搭档，能够提供代码建议、调试协助，甚至自主编写代码块。

本书着重介绍 GitHub Copilot 在软件开发中的实际应用。从设置开发环境到提升代码安全和加速 DevSecOps 实践等高级话题，每章都通过深入探讨具体的案例进行分析，为你在实际工作中充分利用这一强大工具提供指导和帮助。

读者可从本书官网（https://www.wiley.com/go/programminggithubcopilot）获取部分章节的入门项目代码文件，从而在阅读本书的同时跟随书中的实例进行操作。

无论是资深的开发者还是刚起步的初学者，本书都将帮助你快速且全面地掌握 GitHub Copilot 的功能，提升编程技能，学习新的语言，重构代码等。

致谢

本书的创作离不开众多人的指导、支持和鼓励。

首先感谢 Kenyon Brown 对我的信任，给予我完成本书的机会。

衷心感谢 Satish Gowrishankar 的详细计划、组织和时间把控。他的监督使整个过程顺利且高效。

深深感谢 Janet Wehner 协调内容并精准引导本书出版的每一步。

特别感谢 T. J. Corrigan 提供宝贵的专业知识，并对技术方面进行细致的审阅。

最后，我要感谢我的妻子 Paige Lord-Dowswell。她的鼓励、洞见和智慧在我完成本书的过程中功不可没。

Kurt Dowswell

关于作者

Kurt Dowswell 是一位资深的软件架构师,拥有超过 13 年的行业经验。在他的职业生涯中,他主要负责领导开发团队,为美国政府构建、部署和维护大规模的企业软件解决方案。他毕业于詹姆斯麦迪逊大学,获得计算机科学学士学位。

关于技术审校

T. J. Corrigan 在他的职业生涯中担任过多个角色,包括科学家、开发人员、架构师、平台工程师和工程主管。他一直热衷于通过标准化、自动化、自助服务以及最近的生成式 AI 来提高开发人员的生产力。他拥有卡内基梅隆大学的计算生物学学士学位。目前,他在 GitHub 担任首席云解决方案工程师,帮助 GitHub 和微软的联合客户取得更大的成功。

Contents 目　　录

译者序
前言

第一部分　GitHub Copilot 入门

第 1 章　GitHub Copilot 简介 ················ 2
1.1　为什么需要 GitHub Copilot ············ 2
1.2　创建 GitHub 账户 ························ 3
1.3　获取 GitHub Copilot 许可 ·············· 3
1.4　安装 IDE 插件 ···························· 3
  1.4.1　下载 Visual Studio Code ········ 4
  1.4.2　安装 GitHub Copilot 插件 ······ 4
  1.4.3　在 IDE 中配置 Copilot ·········· 5
  1.4.4　安装 Node.js ······················ 7
1.5　试运行 Copilot ····························· 7
  1.5.1　准备工作 ··························· 8
  1.5.2　探索 Copilot ······················· 8
1.6　结语 ·· 12
1.7　参考文献 ···································· 12

第 2 章　深入理解 GitHub Copilot ······ 13
2.1　揭秘 GitHub Copilot 背后的 AI
　　 技术 ··· 13
2.2　理解安全、隐私与数据处理 ········· 14

  2.2.1　消息传输 ························· 14
  2.2.2　数据存储 ························· 14
  2.2.3　安全增强 ························· 15
2.3　了解版权保护 ······························ 15
2.4　探索 GitHub Copilot 信任中心 ······ 16
2.5　结语 ·· 17
2.6　参考文献 ···································· 17

第二部分　GitHub Copilot 功能实战

第 3 章　探索代码补全 ························ 20
3.1　代码补全功能简介 ······················· 20
3.2　使用 Copilot 进行代码补全 ··········· 21
  3.2.1　预备知识 ························· 21
  3.2.2　文件命名 ························· 21
  3.2.3　顶层注释 ························· 21
  3.2.4　使用有意义的名称 ············ 23
  3.2.5　撰写明确注释 ·················· 24
  3.2.6　引用打开的标签页 ············ 26
3.3　探索工具栏与面板 ······················· 27
  3.3.1　深入解析补全工具栏 ········· 27
  3.3.2　探索补全面板 ·················· 28
3.4　调整 Copilot 设置 ······················· 28
  3.4.1　inlineSuggestCount ············ 30

3.4.2　length ················· 30
　　　3.4.3　listCount ··············· 30
　3.5　利用键盘快捷键 ················ 31
　　　3.5.1　聚焦 GitHub Copilot 视图 ····· 31
　　　3.5.2　建议终端命令 ············· 32
　　　3.5.3　触发内联建议 ············· 32
　　　3.5.4　切换到下一条面板建议 ······· 32
　　　3.5.5　切换到上一条面板建议 ······· 32
　　　3.5.6　打开补全面板 ············· 32
　3.6　结语 ······················ 33

第 4 章　与 GitHub Copilot 对话 ···· 34
　4.1　探索 Copilot Chat ············· 34
　　　4.1.1　侧边栏对话 ··············· 34
　　　4.1.2　充分利用编辑器视图对话 ····· 35
　　　4.1.3　将对话拓展至新窗口 ········ 35
　　　4.1.4　引导对话走向正确方向 ······· 37
　　　4.1.5　运用内联对话 ············· 37
　　　4.1.6　探索快速对话 ············· 37
　4.2　使用 Copilot Chat 定义提示工程 ··· 40
　　　4.2.1　基础知识 ················ 41
　　　4.2.2　在对话中获取上下文 ········ 42
　4.3　精准掌控对话 ················ 44
　　　4.3.1　使用 @workspace 进行查询 ···· 44
　　　4.3.2　与 @vscode 互动 ··········· 52
　　　4.3.3　利用 @terminal 学习 ········ 54
　4.4　结语 ······················ 54

第三部分　GitHub Copilot 的实际应用

第 5 章　学习一门新的编程语言 ······ 58
　5.1　学习语言导论 ················ 58
　5.2　搭建开发环境 ················ 59
　　　5.2.1　准备工作 ················ 59

　　　5.2.2　安装指南 ················ 59
　5.3　学习基础知识 ················ 61
　　　5.3.1　准备工作 ················ 61
　　　5.3.2　学习 C# ················· 61
　5.4　创建控制台应用程序 ············ 62
　　　5.4.1　准备工作 ················ 62
　　　5.4.2　创建 C# 控制台应用程序 ····· 62
　5.5　阐释代码 ··················· 64
　5.6　添加新代码 ·················· 66
　5.7　学习测试 ··················· 67
　　　5.7.1　通过选择创建上下文 ········ 70
　　　5.7.2　通过标签创建上下文 ········ 70
　　　5.7.3　运行测试 ················ 71
　5.8　结语 ······················ 72
　5.9　参考文献 ··················· 73

第 6 章　编写测试 ················ 74
　6.1　创建示例项目 ················ 74
　6.2　为现有代码添加单元测试 ········ 75
　　　6.2.1　以注释驱动单元测试的创建 ··· 75
　　　6.2.2　使用内联对话生成测试 ······· 78
　6.3　探索行为驱动开发 ············· 80
　6.4　结语 ······················ 85

第 7 章　诊断与修复错误 ··········· 86
　7.1　创建示例项目 ················ 86
　7.2　修正语法错误 ················ 87
　7.3　解决运行时异常 ··············· 89
　7.4　处理终端错误 ················ 92
　7.5　结语 ······················ 95

第 8 章　助力代码重构 ············· 96
　8.1　Copilot 代码重构简介 ··········· 96

8.2 创建示例项目 …………………………… 97	10.3.3 实施安全控制措施 ………… 130
8.3 重构重复代码 …………………………… 98	10.4 优化 CI/CD 流程 ……………………… 131
8.3.1 添加单元测试 ………………… 98	10.4.1 创建 CI 流水线 ……………… 131
8.3.2 重构重复的错误处理代码 …… 102	10.4.2 增设安全扫描 ……………… 133
8.4 重构验证器 …………………………… 104	10.4.3 创建 CD 流水线 …………… 134
8.4.1 添加单元测试 ……………… 104	10.5 结语 …………………………………… 136
8.4.2 提取验证代码至函数 ……… 105	

第 11 章 优化开发环境 …………………… 137

8.5 重构不当变量名 ……………………… 108	11.1 增强 Visual Studio …………………… 137
8.6 代码文档与注释 ……………………… 109	11.1.1 准备工作 …………………… 137
8.6.1 方法文档 …………………… 110	11.1.2 安装 GitHub Copilot 扩展 … 138
8.6.2 项目文档 …………………… 110	11.1.3 探索代码补全 ……………… 139
8.7 结语 …………………………………… 113	11.1.4 与 Copilot 对话 …………… 141

第 9 章 增强代码安全性 …………………… 114

9.1 代码安全详解 ………………………… 114	11.2 强化 Azure Data Studio ……………… 143
9.2 创建示例项目 ………………………… 115	11.2.1 准备工作 …………………… 143
9.3 探索代码安全 ………………………… 116	11.2.2 安装 GitHub Copilot 扩展 … 143
9.3.1 使用 HTTPS ………………… 117	11.2.3 创建数据库模式 …………… 144
9.3.2 实现验证 …………………… 117	11.2.4 插入测试数据 ……………… 145
9.3.3 总结 ………………………… 119	11.2.5 进行查询 …………………… 146
9.4 发现和修复安全隐患 ………………… 119	11.3 助力 JetBrains IntelliJ IDEA ………… 147
9.4.1 修复弱密码哈希 …………… 119	11.3.1 准备工作 …………………… 148
9.4.2 修复 SQL 注入 ……………… 121	11.3.2 安装 GitHub Copilot 扩展 … 148
9.5 结语 …………………………………… 122	11.3.3 探索代码补全 ……………… 150
	11.3.4 与 Copilot 对话 …………… 151

第 10 章 加速 DevSecOps 实践 …………… 123

10.1 DevSecOps 详解 ……………………… 123	11.4 增强 Neovim …………………………… 152
10.2 简化容器 ……………………………… 124	11.4.1 准备工作 …………………… 152
10.2.1 创建容器 …………………… 124	11.4.2 安装 GitHub Copilot 扩展 … 152
10.2.2 部署容器 …………………… 126	11.4.3 探索代码自动补全 ………… 153
10.2.3 实施安全管控 ……………… 126	11.5 在 GitHub 命令行界面中使用
10.3 自动化基础设施即代码 ……………… 127	Copilot ………………………………… 156
10.3.1 创建基础设施即代码 ……… 127	11.5.1 准备工作 …………………… 156
10.3.2 使用 Terraform 部署代码 … 129	11.5.2 安装 GitHub Copilot 扩展 … 156
	11.5.3 获取 Copilot 代码提示 …… 156
	11.5.4 使用 Copilot 解释命令 …… 159

	11.5.5	为 Copilot 设置别名 ········· 159
11.6		结语 ································ 160
11.7		参考文献 ·························· 160

第 12 章　通用转换 ···························· 161

- 12.1 将自然语言转换为编程语言 ······· 161
- 12.2 JavaScript 组件转换 ················ 163
- 12.3 CSS 样式简化 ························ 165
- 12.4 非类型语言增强类型支持 ········ 169
- 12.5 框架与库之间的转换 ··············· 170
  - 12.5.1 Pandas 转 Polars ············ 171
  - 12.5.2 Express.js 转 Koa.js ········ 173
- 12.6 面向对象语言的转换 ··············· 175
- 12.7 数据库迁移 ··························· 176
- 12.8 CI/CD 平台迁移 ···················· 179
- 12.9 遗留系统现代化 ····················· 181
- 12.10 结语 ································· 184
- 12.11 参考文献 ··························· 185

第四部分　GitHub Copilot 的核心见解与高阶应用

第 13 章　GitHub Copilot 的 AI 伦理见解与责任 ················ 188

- 13.1 负责任的 AI 简介 ···················· 188
- 13.2 GitHub Copilot 实施负责任的 AI 探析 ··························· 189
  - 13.2.1 公平性 ························ 189
  - 13.2.2 可靠性和安全性 ············ 191
  - 13.2.3 隐私和保障 ·················· 191
  - 13.2.4 包容性 ························ 193
  - 13.2.5 透明度 ························ 193
  - 13.2.6 问责制 ························ 194
  - 13.2.7 深入探索 ····················· 195
- 13.3 负责任的 AI 编程 ··················· 195
- 13.4 结语 ···································· 196
- 13.5 参考文献 ······························ 196

第 14 章　GitHub Copilot 助力软件开发生命周期 ············· 197

- 14.1 软件开发生命周期简介 ············ 197
  - 14.1.1 需求 ·························· 198
  - 14.1.2 设计 ·························· 198
  - 14.1.3 编码 ·························· 198
  - 14.1.4 测试 ·························· 198
  - 14.1.5 部署 ·························· 198
  - 14.1.6 维护 ·························· 198
- 14.2 AI 在软件开发生命周期中的应用评估 ··························· 198
- 14.3 AI 在软件开发生命周期中的集成层级详解 ······················ 199
  - 14.3.1 第 0 级：不存在 ············ 200
  - 14.3.2 第 1 级：初始 ··············· 200
  - 14.3.3 第 2 级：已管理 ············ 201
  - 14.3.4 第 3 级：已定义 ············ 201
  - 14.3.5 第 4 级：量化管理 ········· 202
  - 14.3.6 第 5 级：优化 ··············· 202
  - 14.3.7 总结 ·························· 203
- 14.4 GitHub Copilot 在软件开发生命周期中的应用展示 ·········· 203
  - 14.4.1 示例场景详解 ··············· 204
  - 14.4.2 需求收集 ····················· 204
  - 14.4.3 优化待办事项列表 ········· 206
  - 14.4.4 使用 Copilot 进行规划 ···· 209
  - 14.4.5 使用 Copilot 进行编程 ···· 210
  - 14.4.6 使用 Copilot 进行测试 ···· 211
  - 14.4.7 使用 Copilot 进行部署 ···· 213
- 14.5 应对挑战：AI 应用与就业前景 ··· 214

14.6 结语 ·········· 215	15.5.1 使用 Copilot 解释代码 ········ 234
14.7 参考文献 ········ 215	15.5.2 获取 Copilot 的改进建议 ······ 236
	15.5.3 为当前线程附加上下文 ······· 236

第15章 探索 GitHub Copilot 商业版与企业版 ·········· 216

- 15.1 Copilot 商业版与企业版简介 ······ 216
  - 15.1.1 基础功能详解 ·········· 217
  - 15.1.2 Copilot 商业版 ········· 218
  - 15.1.3 Copilot 企业版 ········· 219
- 15.2 在 GitHub.com 与 Copilot 交互 ··· 219
  - 15.2.1 洞悉代码库概况 ·········· 220
  - 15.2.2 向 Copilot 咨询通用编程问题 ·········· 222
- 15.3 索引代码库以增强 Copilot 的理解力 ·········· 224
  - 15.3.1 示例项目详解 ·········· 224
  - 15.3.2 检索增强生成技术简介 ···· 224
  - 15.3.3 为代码库创建索引 ········ 225
  - 15.3.4 代码库相关问题咨询 ····· 225
- 15.4 利用知识库获取更优答案 ········· 228
  - 15.4.1 创建知识库 ··········· 228
  - 15.4.2 总结 ················ 233
- 15.5 借助 Copilot Chat 处理代码库文件 ·········· 234
- 15.6 借助 Copilot 增强拉取请求 ······ 238
  - 15.6.1 了解拉取请求任务 ······· 240
  - 15.6.2 借助 Copilot 进行代码修改 ··· 241
  - 15.6.3 向功能分支提交变更 ····· 244
  - 15.6.4 借助 Copilot 概括拉取请求 ··· 245
- 15.7 管理 GitHub Copilot ············ 247
  - 15.7.1 管理访问权限 ·········· 247
  - 15.7.2 管理策略 ············ 247
  - 15.7.3 内容屏蔽 ············ 248
  - 15.7.4 审查审计日志 ·········· 249
- 15.8 展望未来 ················· 250
  - 15.8.1 用必应搜索增强结果 ····· 250
  - 15.8.2 使用微调模型定制 Copilot ··· 251
  - 15.8.3 Copilot Workspace 增强 Copilot ·········· 251
- 15.9 结语 ················· 251
- 15.10 参考文献 ··············· 251

本书结语 ·········· 253

附录 扩展学习资源 ············ 254

术语表 ·········· 258

第一部分 *Part 1*

GitHub Copilot 入门

本部分包括：
- 第 1 章 GitHub Copilot 简介
- 第 2 章 深入理解 GitHub Copilot

Chapter 1 第 1 章

GitHub Copilot 简介

软件开发充满了挑战。多年以来,人们认识到在软件开发的时候与搭档一起编程(即结对编程)不仅能够促进学习、提升代码质量,并且与搭档一起完成编程任务可以获得巨大的满足感。然而,尽管结对编程的优势广为人知,但要找到合适的搭档并非易事——直到 GitHub Copilot 出现。

GitHub Copilot 是随时在线的人工智能(Artificial Intelligence,AI)结对编程搭档,它始终准备着为开发者的工作和学习提供帮助。本书将一步步地指导你最大限度地使用 GitHub Copilot 高效地编写代码。

在本章中,我们将重点介绍在使用 GitHub Copilot 前要做的准备工作。让我们开始吧!

- 为什么需要 GitHub Copilot
- 创建 GitHub 账户
- 获取 GitHub Copilot 许可
- 安装 IDE 插件
- 试运行 Copilot

1.1 为什么需要 GitHub Copilot

GitHub Copilot 是一款随时在线的 AI 结对编程搭档,能够在软件开发全周期中为开发者提供助力。无论是构思下一个重大功能,还是为企业级部署配置复杂的持续集成(Continuous Integration,CI)和持续交付(Continuous Delivery,CD)流水线,GitHub Copilot 都将始终根据业务需求提供量身定制的支持。有了 Copilot 的参与,开发效率和编程乐趣都将提升到全新的高度,你准备好迎接这一切的到来了吗?

目前，GitHub Copilot 正在各种集成开发环境（Integrated Development Environment，IDE）和其他平台中广泛地得到应用。本书将介绍如何在不同许可方案下使用 Copilot 的各项功能。我们还将通过案例研究探讨 Copilot 的最佳实践，帮助开发者在整个软件开发周期中充分利用 Copilot。

为证明 Copilot 的有效性，GitHub 团队开展了定性定量研究，验证其提升开发者效率和满意度的假设。其中一项大规模调查结果令人振奋：88% 的参与者表示他们的生产力得到了提升，74% 的参与者表示能专注于更令人满意的工作，96% 的参与者表示完成重复任务更快，73% 的参与者表示体验到更多的心流状态[1]。

除了调查，GitHub 团队还进行了一项定性实验：让开发人员用 JavaScript 创建一个 Web 服务器。实验结果显示，使用 Copilot 的开发人员完成该练习的速度平均提高了 55%[1]！在这个实验中，团队利用 GitHub Classroom 自动评估提交作业中代码的正确性和完整性，以确保实验的严谨性和结果的可靠性。

1.2　创建 GitHub 账户

在使用 Copilot 之前，需要先拥有一个有效的 GitHub 账户。我们可以通过访问 GitHub 官方网站 https://github.com/login 注册一个新账户或登录已有账户。

1.3　获取 GitHub Copilot 许可

在拥有有效的 GitHub 账户后，我们可以申请 GitHub Copilot 的可用许可证。目前，Copilot 提供以下三种许可计划，可以根据需要选择适合的许可类型：

❏ Copilot 个人版
❏ Copilot 商业版
❏ Copilot 企业版

选择合适的许可计划需要权衡多个因素。学生或热门开源项目的维护者可能有资格获得免费的 Copilot 个人版许可资格。

下列网页中提供了关于许可证的详细信息，在开始使用 Copilot 之前可以根据需要选取合适的许可计划：https://docs.github.com/enterprise-cloud@latest/billing/managing-billing-for-github-copilot/about-billing-for-github-copilot

1.4　安装 IDE 插件

以下是支持 Copilot 并以插件运行的主要 IDE 和开发环境：

- Azure Data Studio
- JetBrains IDE（IntelliJ、PyCharm、Rider 等）
- Vim/Neovim
- Visual Studio
- Visual Studio Code

注：本书主要以 Visual Studio Code IDE 为例进行展示，这些示例也适用于其他支持 Copilot 的 IDE。稍后我们会详细介绍如何配置这些 IDE 以运行 Copilot。

注：JetBrains IDE 对 Copilot 的支持目前仍处于测试阶段。

1.4.1 下载 Visual Studio Code

可以从以下网址下载 Visual Studio Code（VS Code）：`http://code.visualstudio.com`

安装完 VS Code 后，将看到如图 1.1 所示的欢迎界面。

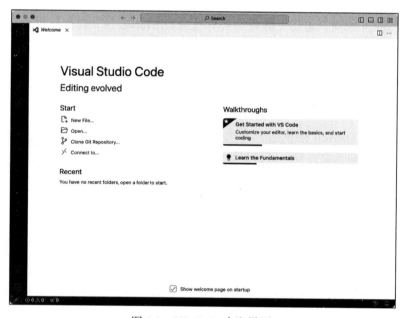

图 1.1　VS Code 欢迎界面

1.4.2 安装 GitHub Copilot 插件

现在已安装并打开 VS Code IDE，接下来前往 IDE 操作栏上的扩展面板，找到该面板上的"方块"图标。

按照以下步骤进行操作：

1. 打开扩展面板。

2. 搜索"GitHub Copilot"。

3. 在搜索结果中，单击 Install 安装 Copilot 插件（见图 1.2）。

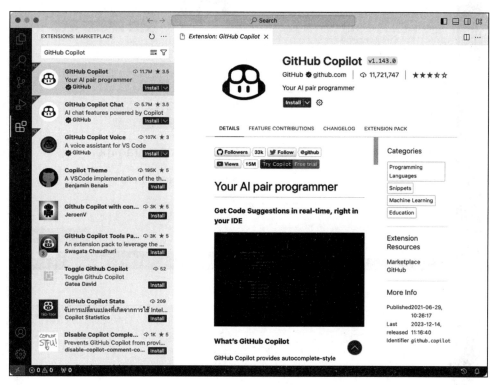

图 1.2　VS Code 扩展面板

1.4.3　在 IDE 中配置 Copilot

成功安装 Copilot 插件后，接下来需要在 VS Code 中验证我们的 GitHub 账户以便使用 Copilot。在 VS Code 右下角看到提示登录 GitHub 的弹窗（见图 1.3）后，可以使用在 1.2 节中创建的 GitHub 账户或者已有账户。单击该选项完成登录。

如安装插件后未见提示，我们还可通过操作栏的配置文件菜单进行身份验证（见图 1.4）。

GitHub 身份验证流程完成后，使用 VS Code 右下角的 Copilot 图标检查当前的认证状态。单击该图标后将弹出 Copilot 状态菜单（见图 1.5）。

状态菜单内包含了 Copilot 状态、对话、设置、日志、文档和论坛等功能选项。

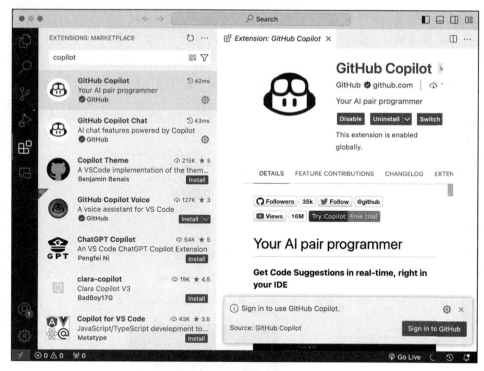

图 1.3　登录提示

图 1.4　通过操作栏登录

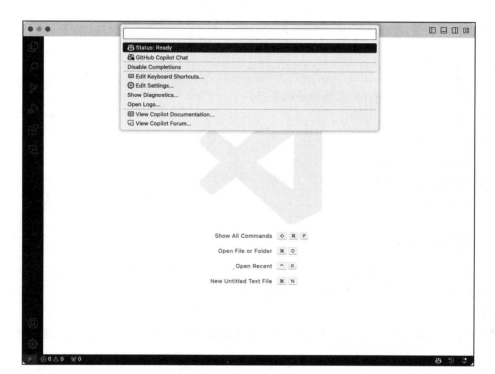

图 1.5　Copilot 状态菜单

1.4.4　安装 Node.js

最后，运行示例还需要安装 Node.js。Node.js 是一个开源、跨平台的后端 JavaScript 运行环境，它能让我们在浏览器外执行 JavaScript 代码。

安装 Node.js 最便捷的方式是访问官网：https://nodejs.org/en/download 在官网上可以根据计算机的操作系统和配置选择适合的安装包，按步骤完成安装。

安装完 Node.js 后，在计算机终端执行以下命令，以验证安装是否成功：

```
node -v
```

该命令会显示当前计算机安装的 Node.js 版本。

1.5　试运行 Copilot

如前所述，本书将主要在 Visual Studio Code 中展示 GitHub Copilot 的功能。本书后面将有专门的章节详细介绍 GitHub Copilot 在其他 IDE 中的使用体验。

虽然大多数代码补全功能在各 IDE 间是通用的，但在菜单、快捷键以及 Copilot Chat 的可用性方面仍然存在差异（Copilot Chat 仅在 Visual Studio 和 VS Code 中可用）。在使用中需要注意这一点。

1.5.1 准备工作

如前所述，运行 Copilot 需要满足以下条件：
- VS Code
- GitHub 账户
- GitHub Copilot 许可证
- GitHub Copilot 扩展
- Node.js

1.5.2 探索 Copilot

下面，让我们通过编写一个简单的示例函数来验证 Copilot 是否正常运行。在本节中，我们将创建一个回文（palindrome）检查器，借此展示在编辑器中与 Copilot 进行交互的基本方式。

首先在 VS Code 中打开文件夹。可通过 Explorer 菜单（见图 1.6）或键盘快捷键（Cmd+O/Ctrl+O）来完成此操作。

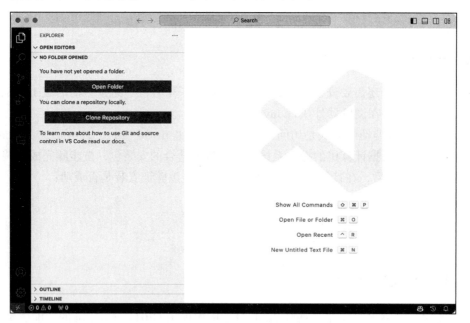

图 1.6 打开文件夹（Open Folder）按钮

注： 本书会同时列出 macOS 和 Windows 系统的键盘快捷键。

新建一个名为 COPILOT-TEST 的文件夹，然后在 Finder/Explorer 窗口中打开它。

在当前文件夹中新建一个名为 `palindrome-checker.js` 的文件（见图 1.7）。

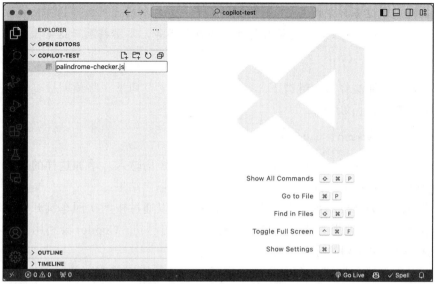

图 1.7　创建 `palindrome-checker.js` 文件

现在可以开始编写 Node.js 脚本了。首先在 `palindrome-checker.js` 文件中添加一个顶层注释，如下所示：

```
// node.js application that checks if a string is a palindrome
```

当开始输入注释时，Copilot 会自动提供补全建议（见图 1.8）。

图 1.8　Copilot 对顶层注释的补全建议

按 Tab 键可接受 Copilot 的文本补全。

注： 我们可以通过多种方式为 Copilot 提供上下文，包括描述性文件注释、内联注释、示例、文件名、导入、方法名、变量及打开的文件标签等。本书将展示这些上下文类型的实际应用。

在文件顶层添加注释后，继续下一行。我们可以通过列举一些预期检查器会处理的回文示例来提供更多上下文信息。

```
// examples: racecar, taco cat
```

若缺少这个示例注释，则回文函数可能无法处理短语输入。增加这样的上下文，我们能持续完善提供给 Copilot 的信息，从而获得更优质的输出结果。

现在我们已经为文件添加了简洁明确的注释，可以通过按两次回车键开始编写函数实现。若 Copilot 未给出理想的建议，则可先输入偏好的语句。Copilot 会利用这些额外的上下文为当前行提供更贴切的补全建议。

在此例中，将接受描述一个函数的行注释，该函数用于检查一个字符串是否为回文，并实现该函数名称的第一行（见图 1.9）。

图 1.9　Copilot 给出的回文函数补全建议

> **注意**：Copilot 具有非确定性特征，即便文件中的注释结构相同，它也可能给出不同的结果。我们将在第 2 章中探讨 Copilot 背后的人工智能技术，进一步了解它的功能。

我们可以在文件中持续接受并优化 Copilot 给出的代码补全。按 Tab 键接受建议，或在悬停时通过弹出菜单选择。

编写完 `isPalindrome` 函数后，继续添加一些测试用例。Copilot 很可能会建议继续。但为确保获得所需的输出，再添加一行注释。

```
// test cases
```

添加新行后，Copilot 会根据文件顶层注释中的示例自动生成测试用例。继续编写这些测试用例（见图 1.10）。

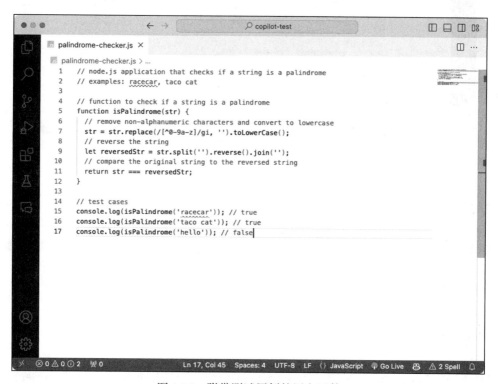

图 1.10 附带测试用例的回文函数

有了函数和测试，我们现在可以运行这个文件来检验是否得到预期输出。在 VS Code 中可以通过快捷键（Ctrl+`）打开集成终端来运行此函数。

在打开的集成终端中，切换到 Node.js 文件所在目录，输入以下命令运行函数：

```
node palindrome-checker.js
```

现在应该能看到函数的预期输出结果（见图 1.11）。

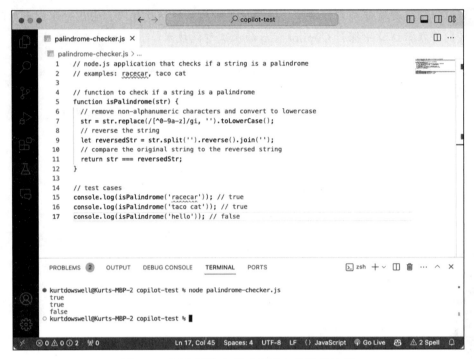

图 1.11　回文函数在集成终端中的输出结果

1.6　结语

GitHub Copilot 能以多种方式助力开发工作流程。在本节中，我们只是初窥其能力的冰山一角。接下来，将介绍 GitHub Copilot 的代码建议功能、数据来源和训练过程，以及需要注意的隐私与安全事项。

1.7　参考文献

[1] E. Kalliamvakou, 2022. "Research: quantifying GitHub Copilot's impact on developer productivity and happiness," https://github.blog/2022-09-07-research-quantifying-github-copilots-impact-on-developer-productivity-and-happiness.

第 2 章 Chapter 2

深入理解 GitHub Copilot

在本章中，我们将首先介绍 GitHub 背后的人工智能技术，探索 GitHub Copilot 的起源、发展和功能。接着，我们将深入探讨那些保护我们工作的安全和隐私措施，强调安全数据处理的重要性和代码保护机制。然后，本章将探讨版权保护问题，确保我们对 GitHub Copilot 的使用符合法律规范。最后，我们将回顾 GitHub Copilot 信任中心，掌握必要的知识，从容应对这一强大工具带来的挑战。

- 揭秘 GitHub Copilot 背后的 AI 技术
- 理解安全、隐私与数据处理
- 了解版权保护
- 探索 GitHub Copilot 信任中心

2.1 揭秘 GitHub Copilot 背后的 AI 技术

GitHub Copilot 的起源得益于 OpenAI 的 GPT-3 等生成式 AI 模型的快速发展。GPT-3 代表第 3 代生成式预训练变换器（Generative Pre-trained Transformer 3），是 OpenAI 开发的 GPT-n 系列大语言模型（Large Language Model，LLM）中的第三代产品。

GitHub Copilot 的概念最早是在 2020 年 GPT-3 发布之后提出的。此前，GitHub 团队曾多次讨论是否应该考虑通用代码生成的可能性，但答案一直是否定的。GPT-3 的出现改变了这一局面，它首次展现了在实际开发场景中生成高质量代码建议的能力[1]。当 GitHub 团队接触到 GPT-3 模型后，他们迅速发现了 GPT-3 在代码生成任务中有着出色的表现。

2021 年，在强大的 GPT-3 模型基础上，GitHub 和 OpenAI 密切合作，开发了一个新的 OpenAI 模型，该模型称为 OpenAI Codex，是 GPT-3 的后代。Codex 模型经过了公开来源和公共 GitHub 代码库中数十亿行代码的训练。结合 GPT-3 的通用语言能力和海量代码训练数据，GitHub 团队在 Codex 中进一步提升了 GPT-3 将自然语言（如英语、西班牙语）转换为编程语言（如 JavaScript、Python、Go、Perl、PHP 等）的能力。这项技术弥合了自然语言和编程语言的鸿沟，使 Codex 能够进行代码转译、解释代码文件，甚至根据提示语句的要求重构现有的代码[2]。这项技术也成为 GitHub Copilot 代码建议引擎的核心基础。

自 OpenAI Codex 模型取得进展以来，GitHub 一直在不断地迭代创新，努力将 Copilot 集成到软件开发的全生命周期之中。2023 年 12 月 29 日，GitHub 向所有 Copilot 用户推出了基于 GPT-4 的 Copilot Chat。Copilot Chat 建立在多项技术之上，这些技术协同工作，为用户在处理复杂代码库时提供定制化的专家建议。通过结合 OpenAI GPT-4 LLM、GitHub 知识图谱、本地代码库索引、语言智能和处理管道，Copilot Chat 可以就代码库与用户展开对话，并给出可验证和可执行的响应，帮助用户更轻松地找到自己的代码解决方案。

展望未来，GitHub 将持续优化 Copilot 背后的 AI 技术。随着 AI 模型的不断进步，GitHub 团队将确保用户能获得最新、最强大的模型更新，在瞬息万变的开发环境中保持竞争优势。

2.2 理解安全、隐私与数据处理

坚持严格的安全措施是 GitHub Copilot 的关键所在。GitHub 团队采用了多种安全策略。本节将介绍 Copilot 数据的安全传输和加密，以及运行时的保护措施。

2.2.1 消息传输

当与 GitHub Copilot 交互时，用于解决问题或完成建议所需的全部上下文都必须传输到在 Azure 上运行的 GitHub 服务。这些数据通过传输层安全性（Transport Layer Security, TLS）上的安全超文本传输协议（Hypertext Transfer Protocol Secure，HTTPS）传递。这种端到端的加密过程确保了用户的数据、代码和查询都是安全的，并且仅由 GitHub Copilot 后端服务进行处理。其中，基于 TLS 的 HTTPS 也是全球公认的安全消息传递标准。

2.2.2 数据存储

本节将详细介绍 GitHub Copilot 静态存储的数据内容。

1. 提示和建议数据

对于商业版和企业版的用户，GitHub Copilot 的代码建议和对话响应数据不会被持久存储。这些数据仅在 API 请求期间保存在内存中，请求完成后即被清除。此外，GitHub 也不会记录用户的请求数据，这进一步确保了用户会话数据的安全性。

对个人计划的用户而言，在默认情况下提示和建议数据都会被保留下来，但用户可在设置中禁用代码片段收集的功能。一旦禁用，提示和建议数据就不会被保留下来。

2. 用户参与度数据

GitHub 会存储用户参与度指标，例如使用数据和接受率。这些数据可能包含匿名标识符，用于区分不同用户的行为，以确保 Copilot 系统正常运转。用户参与度的数据采用 Microsoft Azure 数据加密服务进行存储，它符合最高的安全合规标准，并遵循美国国家标准与技术研究院（National Institute of Standards and Technology，NIST）联邦信息处理标准（Federal Information Processing Standard，FIPS）140-2 的要求。

2.2.3 安全增强

在本节中，我们将讨论漏洞预防系统和 GitHub 的高级安全功能。需要重点强调的是，对于生产环境的代码库，务必使用诸如 GitHub 高级安全等额外安全工具进行审查，以防止引入安全漏洞。

1. 漏洞预防系统

GitHub Copilot 采用了一个漏洞预防系统，在将代码建议返回给用户之前，Copilot 会先检查这些建议是否存在安全漏洞。该预防机制会检查常见的安全问题，例如硬编码凭证、SQL 注入和路径注入。

2. GitHub 高级安全

虽然 GitHub Copilot 及其动态安全保护层非常重要，但始终验证 Copilot 建议的正确性和安全完整性也至关重要。Copilot 生成的回应并非完全可靠，也不意味着可以完全自动化代码创建的过程。在审查 Copilot 生成的代码建议时，我们需要运用合理的判断和批判性思维，以确保代码的正确性和安全性。

为确保提交至代码库中的代码是可靠且安全的，GitHub 建议使用如 GitHub 高级安全这样的静态代码分析工具。这类工具可以扫描代码中的安全隐患、检测源代码管理中的密钥泄露，以及审查依赖项，防止第三方库引入安全风险。

2.3 了解版权保护

GitHub Copilot 经过了海量公开代码的训练，其中包括部分受版权保护的代码。需要注意的是，版权法允许使用受版权保护的作品来训练人工智能模型[3]。当 Copilot 在这些代码库上进行训练时，它们的代码并不会被保存到模型中，而是仅用于训练模型，这样模型就可以对接下来应该出现的标记或者单词给出合理的响应。

让我用一个简单的例子来说明这个过程：假如我们有一个文本文件，里面包含了一串数字，如"1, 2, 3, 4,"。当我们向 Copilot 发送代码建议请求时，Copilot 会将我们提供的这个上下文分解为一系列标记，如下所示：

```
['1', ',', '2', ',', '3', ',', '4', ',']
```

随后，LLM 会处理这些输入的标记并识别出其中的模式，进而预测下一个应该出现的标记，在这个例子中是 5。

在数字列表例子的基础上，我们来看看在编写新方法时 Copilot 如何发挥作用。假设我们有这样一个 Python 函数声明：

```
def greet(name):
```

随后，Copilot 会将我们的函数声明拆分成一系列标记：

```
['def', 'greet', '(', 'name', ')', ':']
```

LLM 随后会处理这些标记输入并识别其中的模式，进而预测出最可能出现的下一个标记。在这个例子中，下一个标记极有可能是 print。

模型随后持续预测后续标记，最终生成一行完整代码。

```
def greet(name):
    print(f"Hello, {name}!")
```

虽然代码并未直接存储于模型中，但由于训练过程的特性，Copilot 仍有微小可能（不到 1%）生成与训练数据相匹配的代码[3]。重要的是我们需要明白，Copilot 并不是简单地复制粘贴代码，而是根据当前的提示和上下文确定最佳的代码生成序列。

GitHub 在其母公司微软的支持下为用户提供版权赔偿保护，确保用户在因使用 GitHub Copilot 而面临的任何法律诉讼中都能得到保护。

在 2023 年 11 月的 Ignite 大会上，微软将版权支持的范围扩大至旗下所有生成式 AI 解决方案和工具，进一步加强了微软在这一领域对客户提供支持的承诺。这一承诺称为"客户版权承诺"（Customer Copyright Commitment，CCC）。它确保所有使用微软生成式 AI 解决方案的客户在遇到法律问题时，都能得到微软的法律支持。

> **注：** 若要获得此项法律保护，用户必须在 GitHub Copilot 策略设置中将 Suggestions Matching Public Code 选项设为 Blocked。详情请参阅以下页面：
> https://learn.microsoft.com/en-us/legal/cognitive-services/openai/customer-copyright-commitment

2.4 探索 GitHub Copilot 信任中心

GitHub Copilot 信任中心是解答使用 Copilot 疑虑的理想平台。它提供视频、常见问题解答、资源链接和联系方式，让用户或用户所在的组织在将 GitHub Copilot 纳入开发流程之前建立必要的信心。

想要了解更多信息，请访问 GitHub Copilot 信任中心：
`https://resources.github.com/copilot-trust-center`

2.5 结语

本章探讨了 GitHub Copilot 这个创新性工具背后的 AI 技术，着重介绍了它的开发过程、安全措施和版权合规承诺。通过了解 Copilot 的多重保护措施、前瞻性的法律考量以及信任中心的相关资源，我们对如何利用这项技术有了更全面的认识和定位。有了这些认识作为指引，我们可以更有把握地将 GitHub Copilot 整合到开发流程中，利用它的潜力简化编码过程并提升工作效率。

2.6 参考文献

[1] S. Verdi, 2023. "Inside GitHub: Working with the LLMs behind GitHub Copilot," `https://github.blog/2023-05-17-inside-github-working-with-the-llms-behind-github-copilot`.

[2] OpenAI, 2021. "OpenAI Codex," `https://openai.com/blog/openai-codex`.

[3] GitHub, 2023. "GitHub Copilot Trust Center," `https://resources.github.com/copilot-trust-center`.

第二部分 *Part 2*

GitHub Copilot 功能实战

本部分内容包括：
- 第 3 章 探索代码补全
- 第 4 章 与 GitHub Copilot 对话

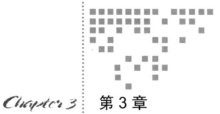

第 3 章
探索代码补全

在本章中,我们将深入探索 GitHub Copilot 的代码补全功能,全面介绍如何充分利用这一特性。虽然代码补全的功能直观易用,但我们会尝试探索各种功能细节,以帮助我们创建更为完善的解决方案,满足开发需求。

- 代码补全功能简介
- 使用 Copilot 进行代码补全
- 探索工具栏与面板
- 调整 Copilot 设置
- 利用键盘快捷键

3.1 代码补全功能简介

这几十年来,开发者在 IDE 中的开发体验一直在不断改善,例如引入了拼写检查、IntelliSense 和代码片段等功能特性。这些特性以及很多在这里没有提到的特性融合在一起提供了丰富的使用体验,让数百万的开发者能够开发出高质量的软件,推动着当今产业的发展。

GitHub Copilot 的问世彻底改变了 IDE 中的代码补全功能,极大地提升了开发者的效率。Copilot 不仅能加速编码过程,还能协助代码重构、编写不熟悉的代码、创建文档,甚至生成单元测试!

Copilot 的代码补全功能可以直接在 IDE 编辑器窗口中使用。在 IDE 中,开发人员可以整体、逐行或逐词接受这些代码建议。补全内容的长度会根据当前输入位置而变化。下面,我们将深入细节来了解如何充分利用 Copilot 的代码补全功能。

3.2 使用 Copilot 进行代码补全

Copilot 上下文是为适配当前 IDE 编辑器状态生成定制响应的必要信息。上下文质量越高，获得的响应就越好。我们可以通过以下方式提供上下文：
- 当前文档旁的打开文件选项
- 顶层注释
- 内联注释
- 命名规范的变量和方法

在本节中，我们将探讨每个上下文选项，从而能够更快、更好地与我们的 AI 结对编程搭档 GitHub Copilot 一起合作！

3.2.1 预备知识

要跟随本章的例子进行操作，需要事先安装以下前提条件：
- **Visual Studio Code**: `https://code.visualstudio.com/download`
- **GitHub Copilot 扩展**: `https://marketplace.visualstudio.com/items?itemName=GitHub.copilot`
- **Node.js**: `https://nodejs.org/zh-cn/download`

3.2.2 文件命名

使用描述性文件名是让 Copilot 生成更优质输出的一个简单方法。Copilot 能够利用文件名中的词语和文件类型来引导它的响应。下面先添加一个名为 `roman-to-integer.js` 的新文件。

3.2.3 顶层注释

在文件名和类型的基础上，还可以为代码文件添加文件名注释，它会为 Copilot 的决策引擎提供更丰富的上下文信息。

在 `roman-to-integer.js` 文件中，键入以下注释：

```
/**
 * create a node.js app that gets a roman numeral via user input
 * and outputs the correct integer value
 */
```

输入注释后，按回车键等待 Copilot 给出代码补全建议。如无反应，可使用快捷键（Option+\ 或 Alt+\）手动触发，如图 3.1 所示。

这里，按 Tab 键接受 Copilot 的建议。然后，继续按回车键让 Copilot 沿文件向下执行。同时，需要允许 Copilot 根据顶层注释持续生成的额外代码补全（见图 3.2）。

图 3.1　Copilot 代码补全结果

注： 在这个过程中务必要验证 Copilot 生成的代码，确保其准确性及符合安全编码实践。

图 3.2　额外的代码补全结果

接下来，继续接受补全建议，并完成 roman-to-integer.js 文件成功运行所需的剩余部分。完成后，文件应包含 readline 导入、readline 变量、readline 问题和答案，以及 romanToInt 函数。

现在可以通过 Node 运行这个 js 文件了。先用快捷键（Ctrl+`）或命令菜单打开终端（见图 3.3）。

然后，在终端窗口中，输入以下内容：

node roman-to-integer.js

输入完成后，按下回车键，会看到 Node.js 应用的提示，要求输入一个罗马数字。

到这里，我们展示了使用 Copilot 文件命名和顶层注释完成一个将罗马数字转换为整数的应用程序编写示例。在 3.2.4 节中，我们将探索如何运用代码补全功能的其他方法来拓展这个示例。

图 3.3　面板可见性菜单项

3.2.4　使用有意义的名称

要让 Copilot 准确把握到我们的编码意图，使用描述性的名称对类、方法和变量进行命名就至关重要。另外，也要避免使用缩写、冗余或含糊不清的术语。

一个使用 Copilot 的有效技巧是将要生成的方法写入使用它的方法中。接下来，用罗马数字转换器这个例子来展示这种用法。

首先，为用户输入添加一些验证。如果能在 question 函数内对用户的输入进行验证，这样会更理想。我们可以先为这个尚未创建的验证方法添加一个描述性的名字，以引导 Copilot 协助我们完成这项任务（见图 3.4）。

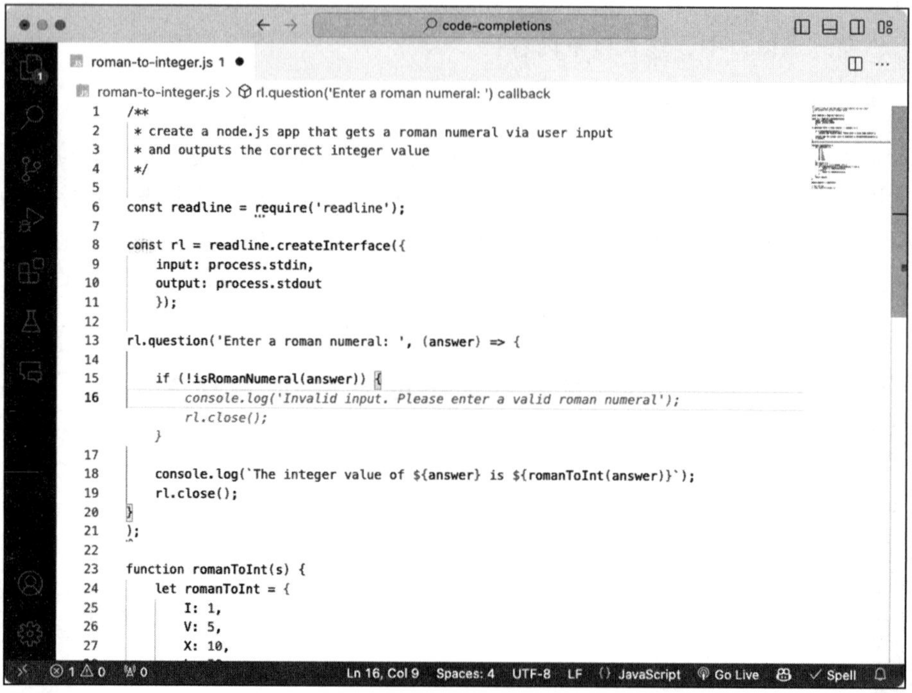

图 3.4　方法名驱动的代码自动补全

在应用中加入这段新代码后，继续添加 isRomanNumeral() 方法。在 question 方法前插入新行时，Copilot 很可能已经在思考我们希望通过刚才在 question 的响应部分中"暂存"的方法来实现什么功能（见图 3.5）。

之后，继续接受 Copilot 的建议，反复按回车键和 Tab 键直至完成 isRomanNumeral() 函数的编写。完成后，重新回到终端并执行以下指令：

```
node roman-to-integer.js
```

现在应该能看到验证方法的实际效果了。当用户输入不正确的罗马数字时，系统会向用户显示相应的输出（见图 3.6）。

3.2.5　撰写明确注释

正如上面所看到的，内联对话是在需要的地方获取代码建议的一个理想的选择。还有一种同样出色的方法则是使用简短、明确、有针对性的内联注释。

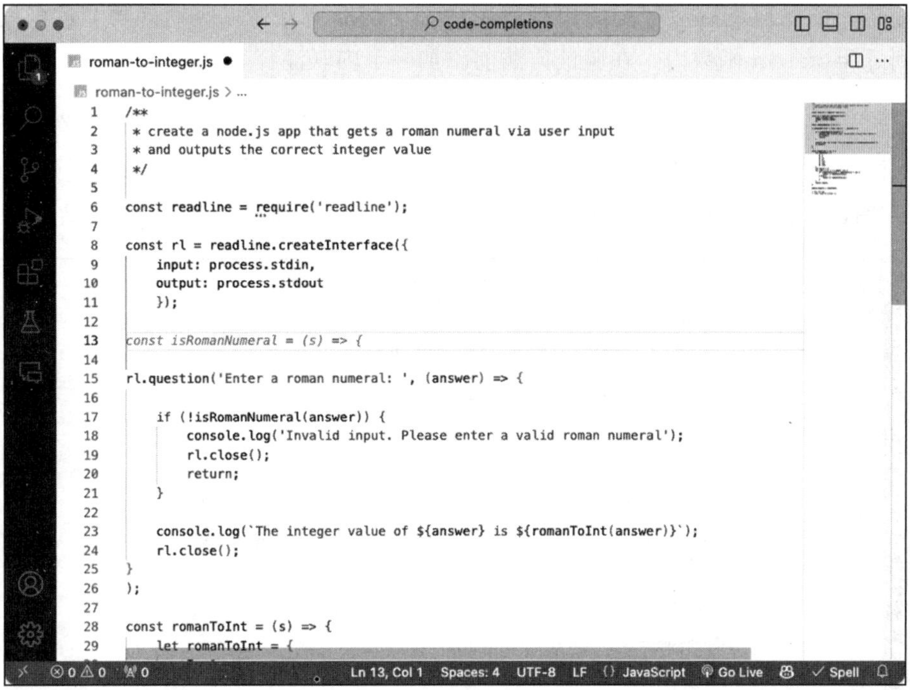

图 3.5　方法代码补全

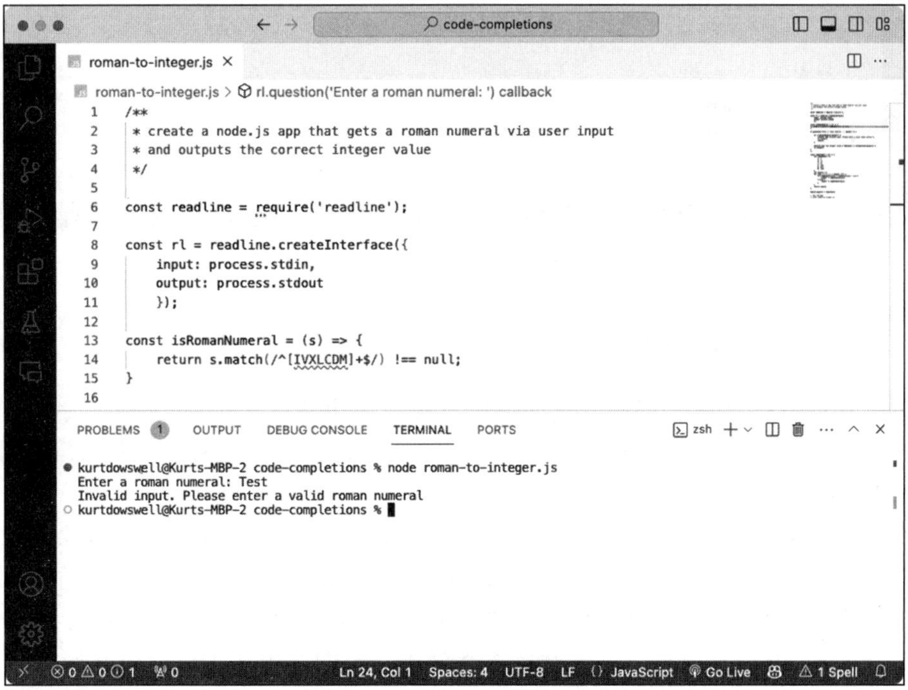

图 3.6　验证方法输出测试

下面将介绍如何利用注释为应用程序用户添加帮助消息，以驱动该功能的开发。让我们移动到 question 函数内，在验证方法前添加一个内联注释。

`// If user types 'help', definition of roman numerals will be displayed`

在该注释后按下回车键，等待 Copilot 给出建议。如果 Copilot 未能自动提供代码补全，则可通过快捷键（Option+\ 或 Start+\）手动触发。之后将看到如图 3.7 所示的结果。

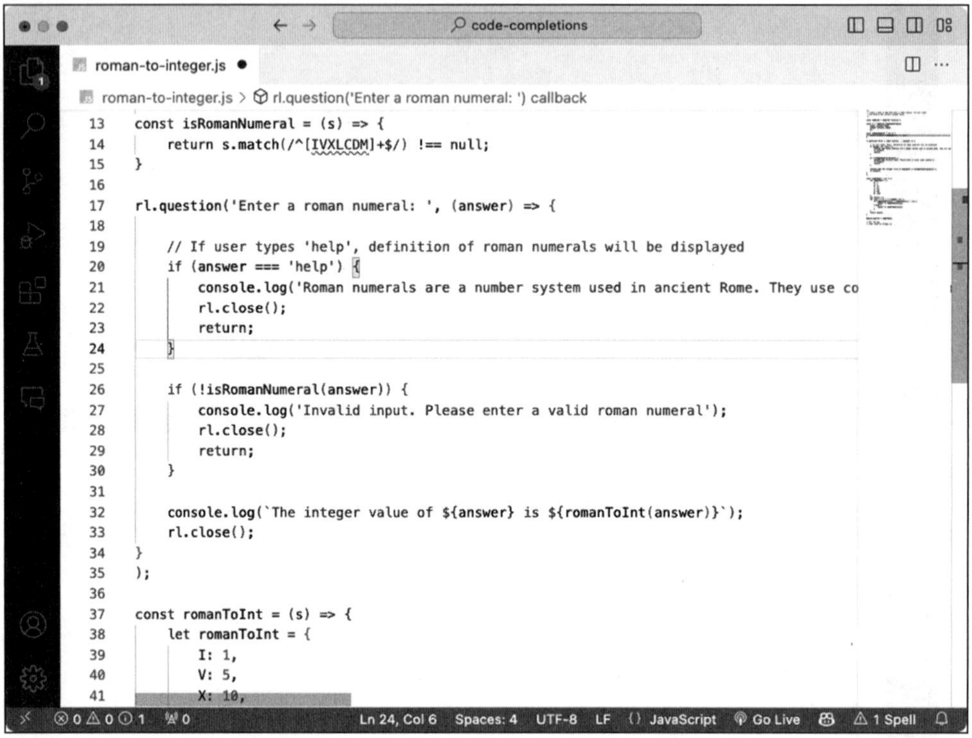

图 3.7　含 Copilot 建议的内联注释

3.2.6　引用打开的标签页

在处理现有代码库时，遵循既定的编码规范至关重要。而 Copilot 在单个文件上编码时，它不会自动遍历整个应用程序来查找可用于代码补全的相关文件。因此，我们需要主动为 Copilot 提供必要的上下文信息以达成目的。

一个增强代码补全的有效方法是在编码时打开所有的相关文件。Copilot 会从已打开的文件标签页中提取相关代码片段，从而向我们提供更加精准的代码建议。

下面让我们在 VS Code 中新建一个文件来展示 Copilot 的这个功能。我们将这个新文件命名为 integer-to-roman.js。在这个文件里，我们会先从顶层注释开始，向 Copilot 提供上下文信息（见图 3.8）。在文件顶部添加以下注释：

```
// Integer to roman numeral app
```

在输入顶层注释后，按下回车键开始查看和接受 Copilot 提供的代码补全。在这个过程中，我们会发现 Copilot 调整了代码建议，以满足新文件的需求，同时生成的代码补全也遵循了已打开的 `roman-to-integer.js` 文件标签页的编码风格。

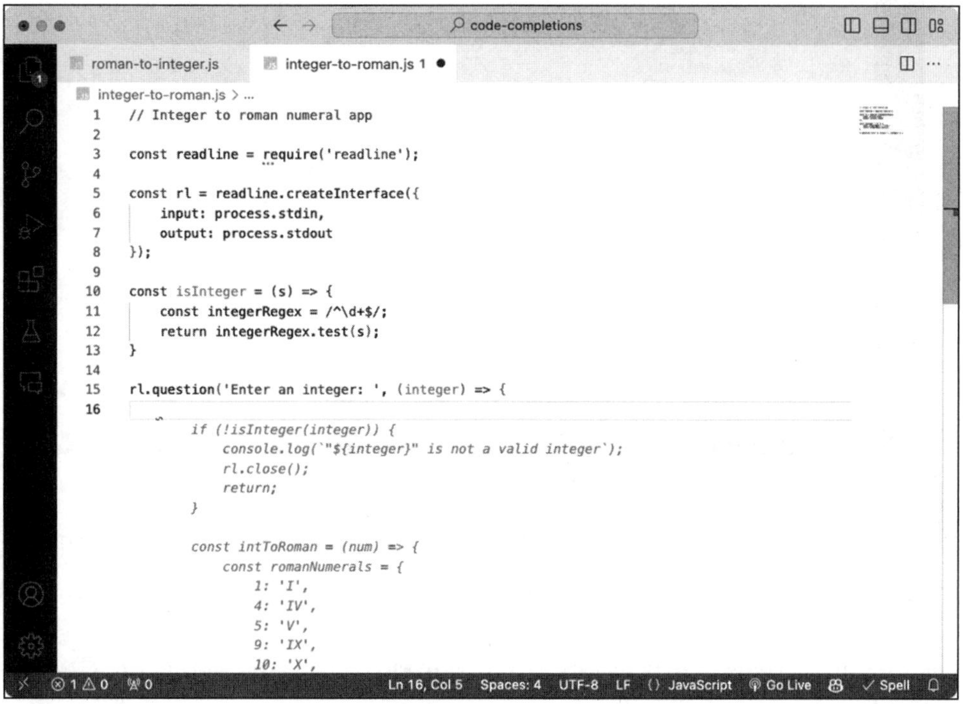

图 3.8　通过顶层注释和打开的文件标签页提供上下文

在接受并优化补全的代码后，就可以运行这个 Node 应用程序了。其中，我们会发现 Copilot 不仅遵循了参考文档中的编码风格，还根据新文件的文件名和顶层注释理解了我们的意图，生成了一个符合预期的输出。之后，可以根据需要进一步完善和迭代这个输出。

3.3　探索工具栏与面板

本节将介绍 Copilot 工具栏和面板的功能，这是 VS Code 中用于高效地浏览和选择多个代码补全建议的重要工具。

3.3.1　深入解析补全工具栏

在 VS Code 中，当鼠标悬停于建议文本上时，默认会显示一个工具栏（见图 3.9）。不同 IDE 的代码补全菜单各不相同，具体的配置请参阅后续章节中关于各 IDE 的详细说明。

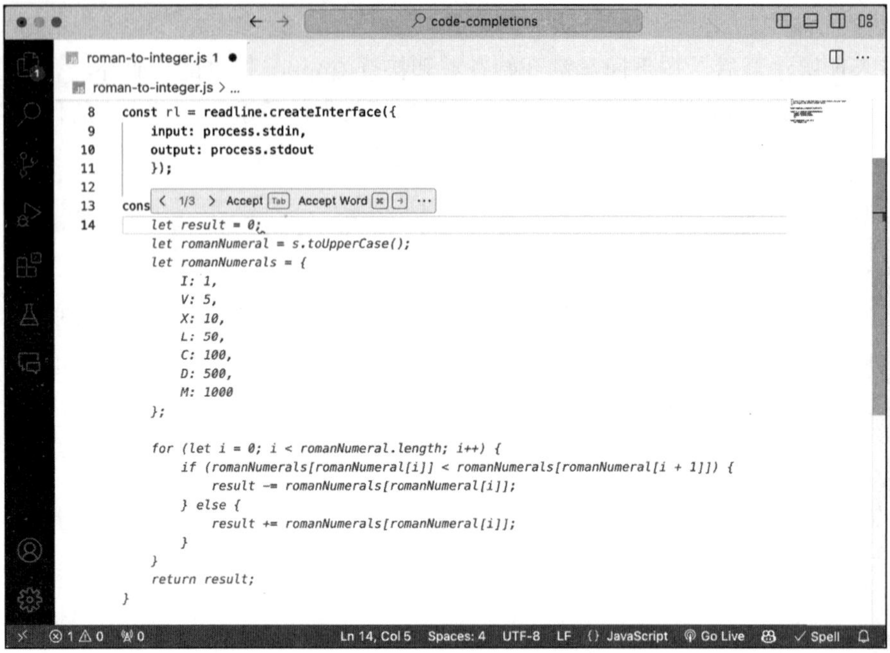

图 3.9　代码补全工具栏

当 Copilot 对下一行代码有多个建议时，这个工具栏非常有用。我们可以使用工具栏左侧的箭头按钮快速浏览这些建议选项，也可以使用它接受整个建议（Cmd+Tab/Ctrl+Tab）或逐词接受（Cmd+ 右箭头 /Ctrl+ 右箭头）。

另外，如果希望接受整行代码或调整工具栏的默认显示状态，则可以在右侧的省略号菜单中找到对应的选项。

3.3.2　探索补全面板

使用补全面板可以查看 Copilot 生成的多种代码方案。我们可以通过命令菜单（Cmd+Shift+P/Ctrl+Shift+P）搜索"Open Completions Panel"（打开补全面板），然后选择结果，找到该面板。也可以直接使用快捷键（Ctrl+Enter）进入补全面板（见图 3.10）。

补全面板提供多达 10 种不同的代码补全建议。当我们对初始的代码补全结果不满意时，可以使用补全面板查看其他补全选项。

3.4　调整 Copilot 设置

如果想调整 Copilot 的默认设置，可通过以下方式打开设置页面：
1. 单击 VS Code 左侧边栏的齿轮图标。
2. 使用键盘快捷键（Mac 用 Cmd+，Windows 用 Ctrl+）。

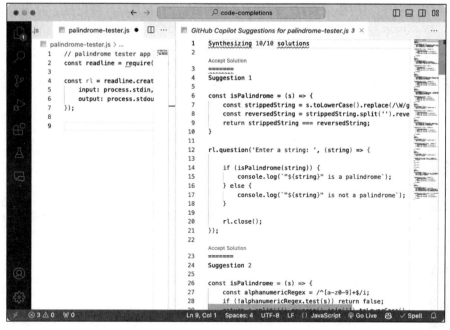

图 3.10　补全面板

3. 通过扩展图标访问 Copilot 状态菜单。

打开设置页面后,找到或通过搜索框筛选到 GitHub Copilot 的相关设置(见图 3.11)。

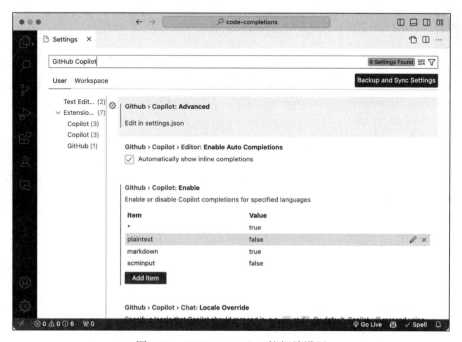

图 3.11　GitHub Copilot 的相关设置

我们可以在这里更改相关设置，例如文件类型的启用设置、区域设置、对话偏好等。

另外，在 VS Code 高级设置中（见图 3.12），有多个选项可以设置 Copilot 的个性化响应。下面将详细介绍这几个可修改的设置选项。不过，这些设置仅适用于 VS Code。

注意： 尽量不要随意修改这些设置。因为 Copilot 的默认行为是根据用户的最佳体验进行的调整，更改这些选项可能会影响 Copilot 的响应质量。

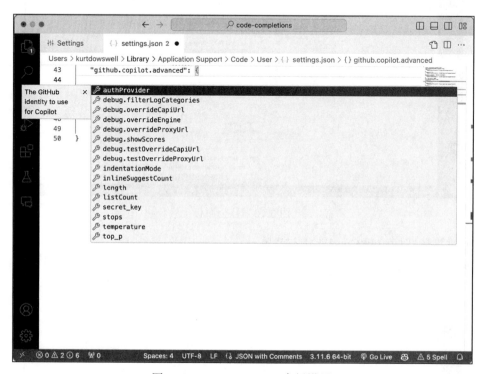

图 3.12　GitHub Copilot 高级设置

3.4.1　inlineSuggestCount

`inlineSuggestCount` 代表生成的内联建议的数量上限。我们可以通过更改这个参数控制内联建议的最大数量。

3.4.2　length

`length` 参数设置允许用户指定代码建议的最长字符数。

3.4.3　listCount

`listCount` 设置（Ctrl+Enter）限制了向用户展示的代码建议数量。

3.5 利用键盘快捷键

键盘快捷键使我们在编码时可以一直将手放在键盘上,从而保持编码的流畅和高效。接下来将介绍如何查看和使用 Copilot 的键盘快捷键,来提升与这位结对编程助手的互动效率。

单击底部工具栏上的 Copilot 扩展图标,可以在状态菜单查看 Copilot 提供的键盘快捷键。也可通过快捷键(Cmd+K Cmd+S/Ctrl+K Ctrl+S)快速地查看这些键盘快捷键。打开键盘快捷键面板后,通过筛选 Copilot 关键词即可查看所有可用的快捷键(见图 3.13)。

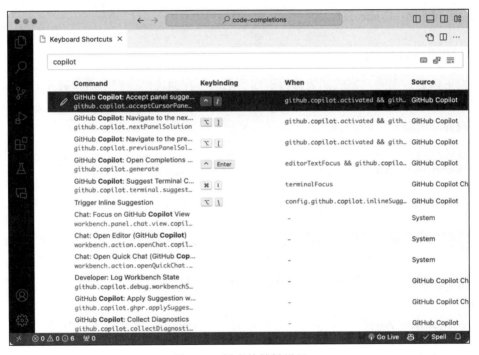

图 3.13 键盘快捷键设置

几乎所有 Copilot 操作都有对应的键盘快捷命令,其中部分操作已经预先设置了对应的快捷键。随着使用频率的增加,请留意那些多次重复执行的操作,可以考虑为这些操作添加快捷键,从而提升操作效率。接下来将介绍对相关键盘快捷键的一些建议。

3.5.1 聚焦 GitHub Copilot 视图

在默认情况下,Focus on GitHub Copilot View 并没有绑定任何快捷键。不过,由于这个命令与我的开发流程相匹配,因此,我为此其设置了以下快捷键,并与左侧菜单栏其他视图的快捷键保持一致:

❑ Mac: Shift+Cmd+C

- Windows：Shift+Alt+C

有了这个快捷键后，就可以快速地打开 Copilot Chat 的菜单视图，加快与 Copilot 进行代码相关对话的工作流程。

3.5.2 建议终端命令

当工作在编辑器窗口中时，Suggest Terminal Command 的操作会打开内联对话框。在集成终端窗口中时，该命令还会用 @terminal 指令启动快速对话视图。

- Mac：Cmd+I
- Windows：Control+I

3.5.3 触发内联建议

我们可以通过删除空格或制表符再返回到之前所在的代码位置来重新触发 Copilot 的响应。但更便捷的方法是使用 Inline Suggestion 快捷键，它能立即预览当前行或函数剩余部分的代码补全内容。

- Mac：Option+\
- Windows：Alt+\

3.5.4 切换到下一条面板建议

当编辑器中当前位置的代码建议可见且有多个时，我们可以通过这个快捷键浏览这些已经合并在一起的补全建议。这样可以快速选择，而无须逐个单击菜单或自定义提示，特别是在我们更倾向于生成结果列表中的第二或第三个建议时。

- Mac：Option+]
- Windows：Alt+]

3.5.5 切换到上一条面板建议

这个快捷键可以向后翻阅代码补全建议。

- Mac：Option+[
- Windows：Alt+[

3.5.6 打开补全面板

使用这个快捷键，可以快速打开补全面板，查看 Copilot 为当前光标位置生成的所有可能补全内容。

- Mac：Ctrl + 回车
- Windows：Ctrl+ 回车

3.6 结语

本章详细介绍了 GitHub Copilot 的代码补全功能,这对提升编码效率和创造力至关重要。我们讲解了代码补全的概念,展示了 Copilot 的使用方法,探索了其工具栏和面板,回顾了相关设置,并介绍了实用的键盘快捷键。这些知识将帮助用户充分发挥 Copilot 的潜力。正如我们所看到的,Copilot 不只是一个代码生成工具,更是开发过程中的得力助手,能够提供符合特定开发目标的完善解决方案。

第 4 章

与 GitHub Copilot 对话

尽管 Copilot 的代码补全功能提供的紧密一体的响应可以让我们保持编码工作的流畅，但 Copilot Chat 能够以更直观的方式让我们就代码与 Copilot 展开深入的对话。Copilot Chat 可以帮助我们理解代码、学习新知识、优化代码文件、编写测试、创建文档，以及了解 Copilot 的各项功能。

在这一章中，我们将一起深入了解使用 Copilot Chat 需注意的关键事项！

- ❏ 探索 Copilot Chat
- ❏ 使用 Copilot Chat 定义提示工程
- ❏ 精准掌控对话

4.1 探索 Copilot Chat

Copilot Chat 是一款旨在简化编码流程的 AI 助手。我们将概述如何有效地运用它的对话功能，以增强在开发环境中理解代码、解决问题的能力以及生产效率。

4.1.1 侧边栏对话

侧边栏对话窗口是与 GitHub Copilot 交流的理想场所。无论对当前文件中正在处理的代码、工作区或 IDE 有任何疑问，都可以从侧边栏的 Copilot Chat 开始寻求帮助（见图 4.1）。

这个例子展示了在 Chat 中发送以下命令，向 Copilot 询问右侧当前编辑器标签相关的问题：

```
/explain #editor
```

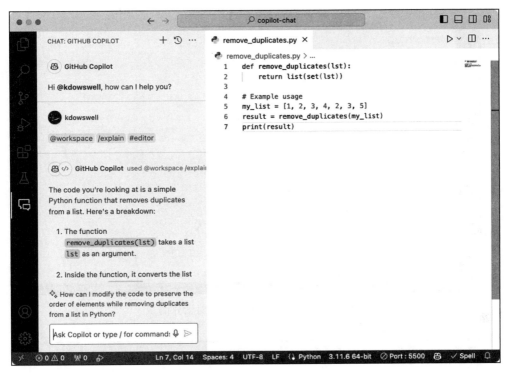

图 4.1　Copilot Chat 侧边栏

当在 Chat 对话框中输入 /explain 命令时，@workspace agent 关键词会自动加入提示内容。

4.1.2　充分利用编辑器视图对话

如果希望在与 Copilot 对话时使用全屏模式，则可以在编辑器窗口中进行对话（见图 4.2）。通过命令菜单搜索 Open Chat In Editor 即可访问这种基于编辑器的对话。另外，在 Copilot 侧边栏的对话窗口中，单击右上角的省略号菜单，并选择 Open Chat In Editor，也可将对话转移到编辑器视图中。

4.1.3　将对话拓展至新窗口

如果希望脱离 IDE 并在独立窗口中继续与 Copilot 进行对话，则可以单击 Copilot 侧边栏对话窗口右上角的省略号菜单来实现此操作（见图 4.3）。

这种将对话拆分至多个编辑标签页和窗口的功能提供了极大的灵活性。如果使用多显示器设置或使用更大的显示屏，将与 Copilot 的对话拓展到新窗口的效果就会更加出色。

除了能够拓展对话界面之外，还可以在多个标签页或窗口中同时与 Copilot 进行对话。这个特性也为进一步定制 Copilot 的协同流程提供了便利（见图 4.4）。

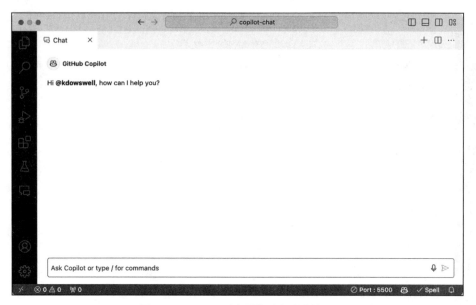

图 4.2　Copilot 编辑器视图对话界面

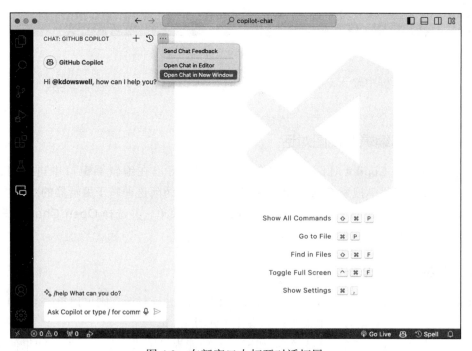

图 4.3　在新窗口中打开对话拓展

新窗口提供了良好的对话体验，它不仅提供了更多的操作空间，还能在编辑器中突出显示相关代码，同时又不影响在工作区中跳转和编辑的流畅性。

第 4 章　与 GitHub Copilot 对话　❖　37

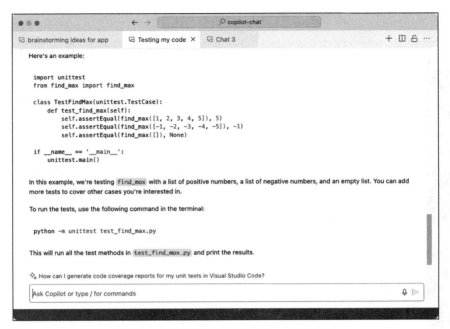

图 4.4　多对话标签页的新窗口对话界面

注：Copilot 的每个对话标签页或窗口相互独立。这意味着当前的对话提示和回应不会被其他对话所使用。

4.1.4　引导对话走向正确方向

如果希望在 IDE 内保持对话窗口的可见性，同时又能更方便地浏览工作区的内容，则可以将对话窗口固定到右侧。

在 VS Code 中，只需切换辅助侧边栏（即右侧边栏）的可见性即可实现这一目的。辅助侧边栏显示后，可以将 Copilot 对话窗口从主侧边栏拖至辅助侧边栏中（见图 4.5）。

4.1.5　运用内联对话

要与 Copilot 进行更聚焦、更快捷的对话，内联对话是一个理想选择。它能够迭代代码设计、解答疑问、编写文档，甚至生成单元测试。在使用内联对话时，对话的上下文会围绕光标所在的位置或所选中的代码展开（见图 4.6）。

要激活内联对话，可以使用快捷键（Cmd+I 或 Alt+I），或在编辑器中单击鼠标右键并选择 Copilot 菜单（见图 4.7）。

4.1.6　探索快速对话

快速对话功能最常在 VS Code 的内嵌终端窗口中触发。当遇到错误提示、对上一条终端指令存疑等情况时，它能发挥重要作用。

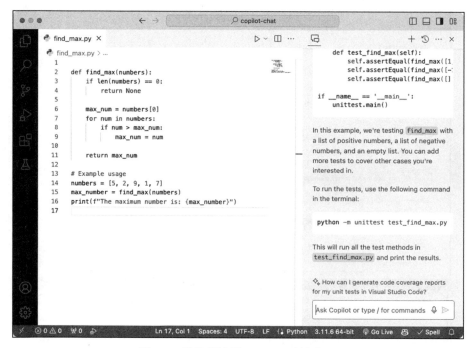

图 4.5　辅助侧边栏 Copilot 对话窗口

图 4.6　内联对话

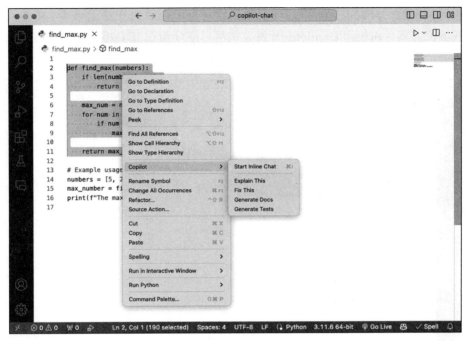

图 4.7　Copilot 内联对话菜单

让我们来看一个错误输入并执行的终端指令示例（见图 4.8）。

图 4.8　Copilot 闪烁的图标和快速修复菜单

在遇到错误时，开发人员常常需要复制错误信息，然后到开发者网站、博客或官方文档中寻找解决方案。而使用 Copilot，开发人员可以继续留在 IDE 中工作，并直接找到问题的解决方法，从而保证了工作的流畅性（见图 4.9）。

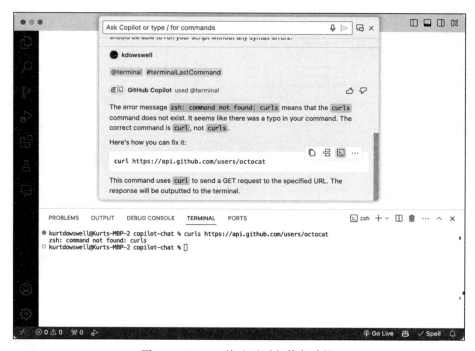

图 4.9　Copilot 快速对话与修复建议

如图 4.9 所示，我们可以看到上一条终端命令的错误原因。Copilot 会根据之前的终端菜单选择自动理解我们的意图。

它还会进一步为我们的错误提供切实可行的解决方案，其中包含一条可以直接在终端中执行的命令。

除了这种快速对话的功能之外，GitHub Copilot 还可通过 GitHub 命令行界面（Command-Line Interface，CLI）的扩展程序使用。本书稍后将详细探讨这一内容。

4.2　使用 Copilot Chat 定义提示工程

提示工程是一种调整 AI 系统指令以获得理想结果的过程。在使用 Copilot 时，理解良好提示的基本原则非常重要。

在从零开始时，提示工程显得尤为重要。随着我们通过命令、文件引用、文档或对话历史提供越来越多的上下文，我们可以减少对 Copilot 的具体指示，因为它能从这些丰富的上下文中深入地理解我们的需求。

4.2.1 基础知识

图 4.10 展示了 Copilot 的基本提示结构。

1. 代码提示

以下是几个简洁明了、目标明确的 Copilot 提示示例：

```
Write a program to print "Hello, World!" in C#

Define a class for a vehicle that has properties such as make, model,
and year in Python

Create a function to calculate the area of a rectangle in JavaScript

@workspace create a GitHub Actions workflow for my API
```

用 Python 计算矩形面积的函数
技术　　　对象　　　目标

图 4.10　基本提示结构

2. 解决方案提示

当对 Copilot 的解决方案不确定时，可以尝试以下探索性提示：

```
Can you suggest a more efficient way to implement this function?

What are some best practices for optimizing SQL queries in Python?

Do you have any recommendations for libraries that can simplify parsing
JSON in Java?

What possible methods could we use to reduce the time complexity of
this algorithm?

Can we brainstorm some approaches to handle concurrent transactions in
a database?

What tools or frameworks could we leverage for automated testing of this
web application?

What are the best practices for managing state in a React application?
```

3. 确立单一明确目标

对 Copilot 的每次请求应确立单一明确的目标，这是公认的最佳实践。如果不知道如何分解问题，则可以先向 Copilot 求助，让它详细地定义问题，然后再进行代码请求即可。

4. 明确特定技术

如果希望得到特定编程语言的代码，或需要使用某个特定库时，则可以在提示中添加更多的细节，这样 Copilot 会生成更精准的结果。

当然也不是都需要这样做。例如，在编辑 .js 文件时，通常无须在提示中特别指明语言，这是因为 Copilot 能自动识别我们需要的是 JavaScript 相关的响应。

5. 简化提示

提示也并非越长越好，冗长详细的描述反而可能会降低结果的质量。因此，提示应尽可能保持简洁、明确且有针对性。

从 Copilot 获得初始结果后，需要持续对代码进行针对性的重构和迭代。这样既能实现总体目标，又能保持 Copilot 输出的质量。

4.2.2 在对话中获取上下文

本节将探讨在与 Copilot Chat 互动期间提供上下文的重要性。通过整合打开的标签页、编辑器细节以及文件或选择的内容，可以显著提高 Copilot 对我们的编码风格、偏好和需求的理解能力。无论是从零开始还是在现有工作的基础上进行构建，学习如何有效传达上下文都能促成更准确、风格更一致的代码生成。

1. 打开标签页上下文

Copilot 不仅会分析我们当前正在处理的文件，还会在已经打开的相邻文件标签页中查找相关信息，从而确保文件间编码风格的统一。因此，在使用 Copilot 时，建议同时打开与要处理的文件类型相似的文件。这样做有助于 Copilot 在生成代码建议时更好地遵循我们的编码风格和偏好。

如果是从零开始，则与 Copilot 对话时添加上下文信息可以为生成更优质的代码奠定基础。

2. 编辑器上下文

在 VS Code 中，为了将 Copilot 上下文提供给当前正在编辑的文件，需要在提示中使用 `#editor` 标签（见图 4.11）。这样，我们在编辑器中查看的代码就会自动成为 Copilot 的上下文参考。

> **注：** 尽管 Copilot 团队努力统一各平台的功能和用户体验，但是目前在其他 IDE 中 `#editor` 标签可能仍不可用。

在本例中，我们采用了以下提示：

```
@workspace /explain #editor
```

它允许我们在编辑器窗口内看到代码的完整定义。

3. 文件上下文

如果未打开需要查询的文件，则可使用 `#file` 标签来指定所需要的相关文件。必要时，还可以在单个提示中用 `#file` 标签指定多个文件（见图 4.12）。

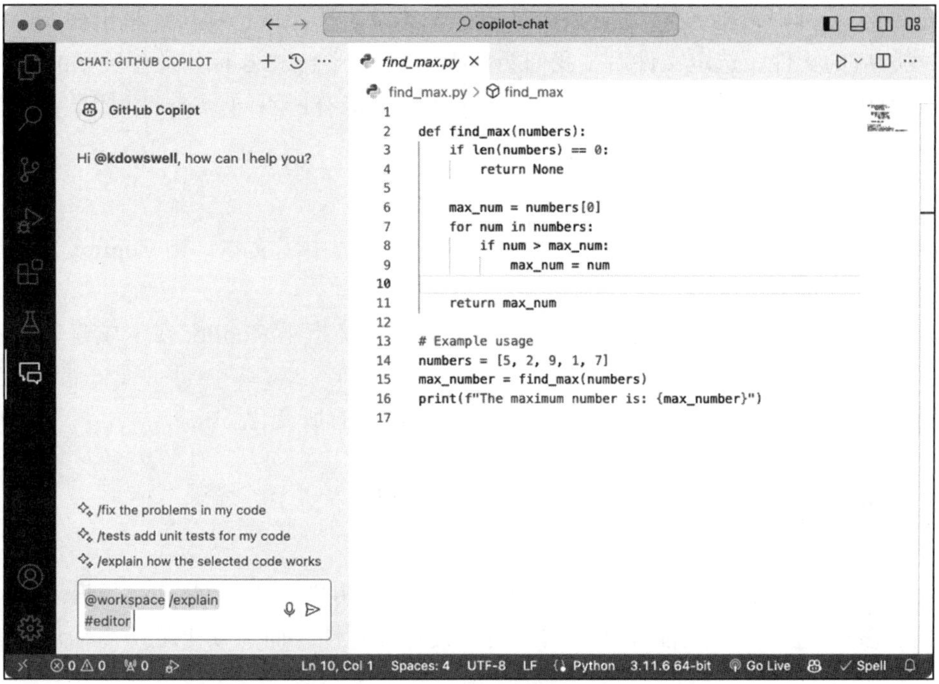

图 4.11　带有 #editor 标签的 Copilot 提示

图 4.12　带有 #file 标签的 Copilot 提示

在上一个示例中，输入 `#file` 后会弹出一个菜单。选择该选项后，将出现一个搜索框用于查找相应的文件。选定文件后，我们会在提示中看到 `#file` 标签及相关联的文件。

不同 IDE 中使用 `#file` 标签添加上下文的方式可能有所不同。Copilot 团队会尽可能使这些功能保持一致。

4. 选择上下文

当在对话窗口与 Copilot 对话时，如果在编辑器中选中了文本，则 Copilot 会自动将选中的代码作为提示的上下文。

与此同时，我们还可以通过 `#selection` 标签明确指示 Copilot 在生成建议时考虑选中的文本内容。

目前，这个标签仅在 VS Code 中实现。未来可能会有所变化。

4.3 精准掌控对话

Copilot Chat 提供了一系列强大的指令，可以帮助用户快速与 Copilot 展开对话。在这种情况下，提示应尽可能地能保持简洁、明确且有针对性，而无须重复所需输出的上下文信息。

4.3.1 使用 @workspace 进行查询

Copilot 中的 `@workspace` 代理旨在协助用户处理当前工作空间内的各项任务。接下来，我们将探讨如何使用命令来指导 `@workspace` 代理执行所需操作。

`@workspace` 代理也能够直接回答项目文件的相关问题，无须额外的指令。一个工作空间包含了项目中的所有文件，不仅仅是那些已打开的文件。使用 `@workspace` 代理关键词会引导 Copilot 在工作空间的所有文件中搜寻上下文，并据此生成最贴合需求的回应。在使用此功能时，由于工作空间的复杂性和上下文的大小，因此其响应速度会比代码补全等功能慢。

1. 使用 /explain 学习

`/explain` 命令可快速引导我们与 Copilot 讨论正在处理的代码或相关概念。下面将探索几种使用 `/explain` 命令的方法。

在编辑器中，可以通过 Copilot 菜单启动快速命令。这里选择 Explain This 菜单项（见图 4.13）。

现在，在文件编辑器中按下 Cmd+I（Mac）或 Alt+I（Windows）激活内联对话，并输入 / 查看可用命令的列表。接下来可以在列表中选择 `/explain` 命令。若对某段代码有疑问，则先选中相关代码即可向 Copilot 发送提问（见图 4.14）。

第 4 章　与 GitHub Copilot 对话　❖　45

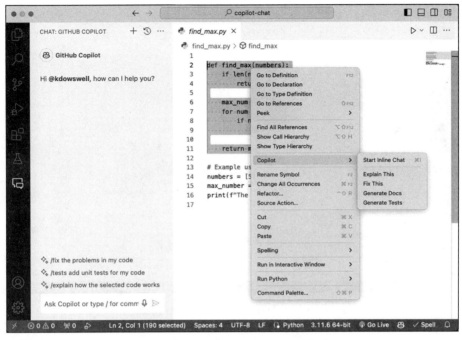

图 4.13　Copilot 的 Explain This 命令

图 4.14　内联对话 /explain 命令

另外，也可以通过侧边栏的对话窗口向 Copilot 提问。只需高亮选中想要解释的代码即可（见图 4.15）。

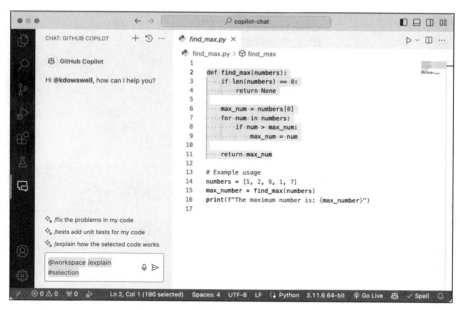

图 4.15　对话窗口 /explain 命令

Copilot 还能为我们正在评审的文件提供全面地解释。只需在提示中使用 #editor 标签，Copilot 就会分析当前工作文档中的可见部分。

在终端内工作已经深深根植于世界各地开发者的工作流程中。当终端出现问题或遇到难以理解的错误时，Copilot 可以迅速提供针对性的帮助。遇到错误时，只需单击闪光图标，即可获得 Copilot 的详细解释（见图 4.16）。

图 4.16　Sparkle 菜单中的 Explain using Copilot 命令

如果快速修复菜单不可用，可将相关的终端行进行高亮。然后使用 Copilot 菜单启动快速对话，便可立即获得解答（见图 4.17）。

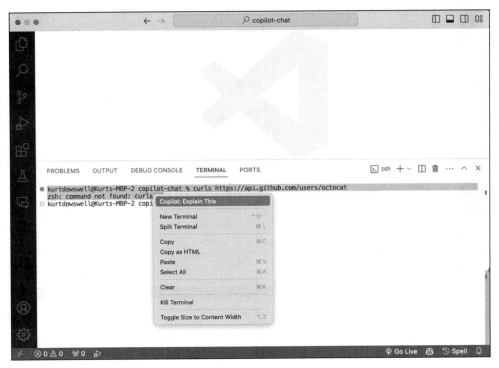

图 4.17　终端窗口中的 Explain using Copilot 功能

2. 使用 /tests 生成测试

单元测试可以让开发人员在迭代程序时充满信心。它能帮助开发人员发现缺陷（bug）、提高代码质量、增强重构信心并提升长期开发效率。

然而，这些好处固然很棒，但当我们全神贯注于编写新功能时，往往难以抽出精力来构建所有必需的测试代码。

这时，我们就需要使用结对编程助手 GitHub Copilot。它非常擅长编写单元测试，不仅能生成样板测试代码，还可以为后续被测方法的断言提供一个很好的起点。

让我们来看几个实例。与使用 /explain 命令类似，可以通过 /tests 命令要求 Copilot 生成测试。一种方法是选中想要测试的函数，单击鼠标右键后在 Copilot 菜单中选择 Generate Tests 选项（见图 4.18）。

另一种方法是使用内联对话。选择想要生成测试的函数，然后使用内联对话的 /tests 命令（见图 4.19）。

这个命令将生成断言方法的预览，我们可以通过预览对代码进行审查，并决定是否采纳其建议。

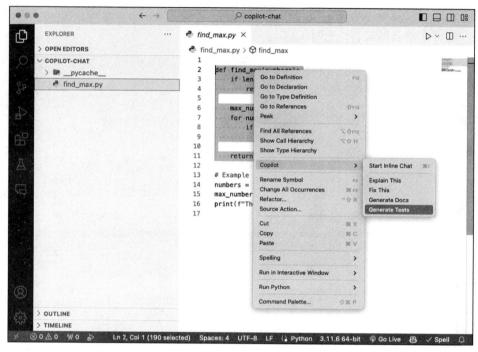

图 4.18　生成测试命令

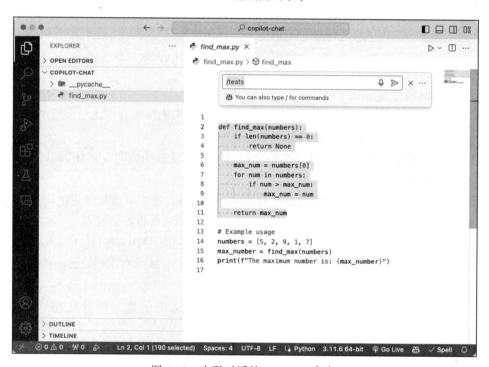

图 4.19　内联对话的 /tests 命令

注：同样可以打开一个已有的单元测试示例文件来引导 Copilot 的生成过程和代码质量。这个文件需要包含符合我们预期的代码结构，这样 Copilot 会使用打开的文件作为上下文来生成更优质的单元测试代码。另外，在提示中指明期望的测试类型或要使用的测试库，也有助于提升 Copilot 生成测试代码的质量。

在 Copilot 对话窗口中，也可以使用 `/tests` 命令。不过，仍需通过选择或使用 `#editor` 标签引用编辑器的可见部分，从而为 Copilot 提供所需测试方法的上下文（见图 4.20）。

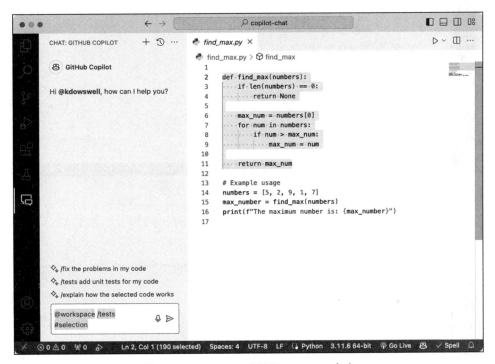

图 4.20　Windows 对话的 `/tests` 命令

在执行前面介绍的任一种 `/tests` 命令后，我们都将获得一个输出结果。这个输出可以让我们开始执行这个方法的测试，以确保功能正常运行（见图 4.21）。

通过这个测试文件，我们可以看到 Copilot 生成了一组断言列表，这组断言可以确保方法的功能完善。在此基础上，我们可以继续为浮点数、字符串和非数组输入值添加断言。另外，还可以利用代码补全或对话功能进行构思并添加更多测试用例。

3. 用 /fix 寻找解决方案

如前面所述，当代码出现编译错误时，开发人员可能需要在开发者论坛或文档网站上耗费大量时间寻找解决方案。接下来将介绍在使用 Copilot 后，修复编译错误将是多么轻松高效。

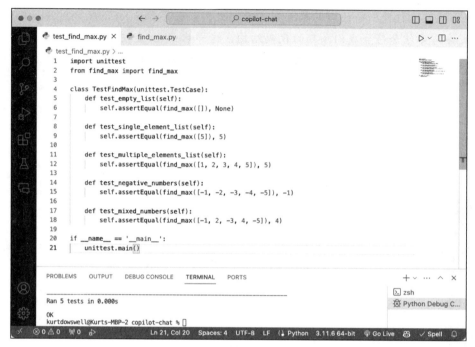

图 4.21　Copilot 生成的测试文件

以下示例的代码中存在编译错误。选中包含错误的代码部分,然后打开内联对话,Copilot 将会提供当前选中代码错误的自动提示(见图 4.22)。

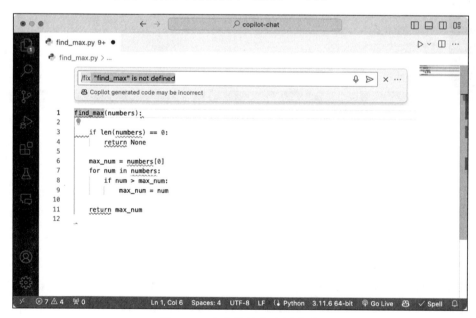

图 4.22　选中代码的编译错误

还可以根据提示添加细节或修改提示内容，确认无误后，向 Copilot 发送 /fix 请求，然后查看文件的内联修改（见图 4.23）。

图 4.23　利用 /fix 命令解决编译错误

可以看到，Copilot 不仅提供了代码修改建议，还解释了所采取的修复措施。

如果给出的响应未达到我们的预期，则可以放弃这次更改建议，尝试其他的替代方案，或使用 **Helpful** 和 **Unhelpful** 按钮提供反馈，以帮助 Copilot 未来的训练。

4. 利用 /new 构建框架

如果要从零开始实现一个新想法，则可以为应用需求量身定制新的代码框架。让我们使用 @workspace 指令和 /new 命令向 Copilot 发送请求，接下来看看具体的操作过程。

首先，使用 /new 向 Copilot 提出请求：

/new python rock paper scissors game

提交请求后，Copilot 会返回一个建议的工作区域结构（见图 4.24）。这个结构不仅符合我们的初始需求，还包含了该编程语言的项目规范以及在请求中提供的其他细节。

在审阅工作空间结构建议后，单击 **Create Workspace**，选择项目的父文件夹，让 Copilot 生成各个文件的内容。这些文件为后续项目的开发提供了坚实的基础。在本例中，我们得到了一个功能完备的石头剪刀布游戏，并配有相应的单元测试。

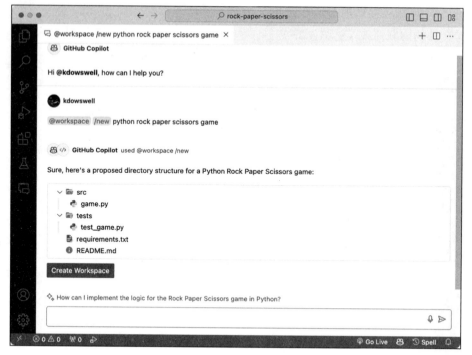

图 4.24　Copilot 对 /new 请求的响应

5. 用 /newNotebook 创建新笔记

可以使用 /newNotebook 命令初始化 Jupyter Notebook。值得再次强调的是，Copilot 能为用户量身定制并快速生成所需的结构、库和代码文件，事半功倍。

在接下来的例子中，将看到如何快速搭建一个用于探索性数据分析（Exploratory Data Analysis，EDA）的 Jupyter Notebook 框架，从而能够直接开始迭代解决方案，而非从零开始构建全部内容。

首先，用 @workspace 代理命令 /newNotebook 开始。我们的提示遵循了具体明确、针对需求的策略。

Copilot 会给出 Notebook 的建议大纲（见图 4.25）。若觉得合适，可直接单击 Create Notebook 进入下一步。

Copilot 已生成全部的章节，并为我们的数据分析任务插入了起始代码（见图 4.26）。

现在，我们可以在这个初始设计的基础上进行迭代，着手开发解决方案了！

4.3.2　与 @vscode 互动

@vscode 代理可以用来咨询有关 VS Code 某项功能的疑问。刚接触 VS Code 的新手可能希望了解如何安装支持特定编程语言的扩展。与其在网上搜索答案，不如直接在 IDE 中使用 Copilot 来获取所需信息（见图 4.27），这样还可以保持工作流畅不被打断。

第 4 章　与 GitHub Copilot 对话　◆　53

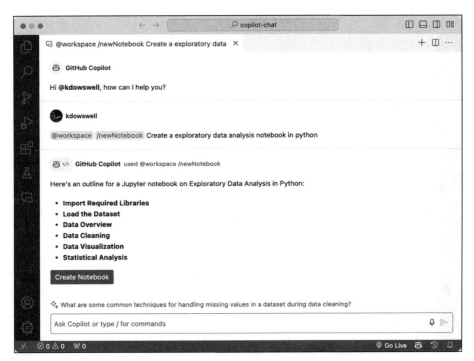

图 4.25　Copilot 对 /newNotebook 命令的响应

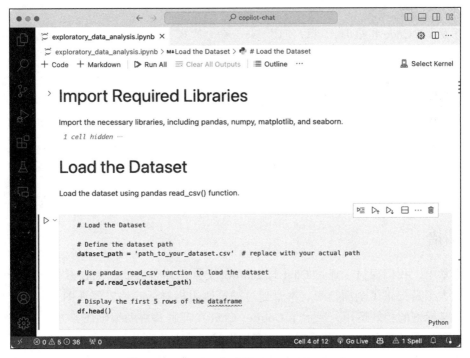

图 4.26　Copilot 生成的 Jupyter Notebook

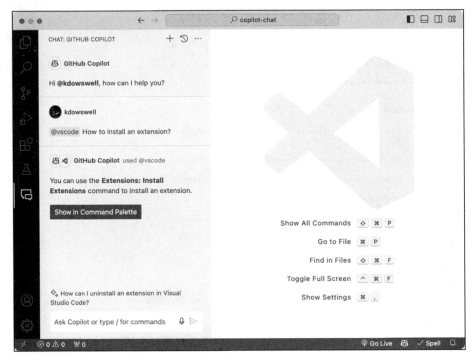

图 4.27　@vscode 问答

通过 /api 进行查询

在开发 VS Code 扩展时，可以使用 /api 命令来探索以编程方式与 VS Code 各种元素交互的方法。

4.3.3　利用 @terminal 学习

终端工作流对开发人员而言威力巨大。虽然终端能帮助他们迅速完成任务，但掌握终端最佳操作的学习曲线却相当陡峭。

为了应对这些挑战，开发人员可以通过 @terminal 代理解答在使用终端时遇到的疑问或任务（见图 4.28）。

4.4　结语

在本章中，我们探讨了通过 Chat 与 Copilot 交互的多种方式，为在开发流程中充分利用这一强大工具提供了全面指南。本章通过浏览侧边栏对话、编辑器视图、内联查询以及特定上下文标签的巧妙运用，展示了 Copilot Chat 在理解和协助编码任务方面的深厚能力。这些详细介绍不仅揭示了 Copilot Chat 的多样性和适应性，还凸显了它作为智能助手在提升编码效率、促进问题解决，以及创造更直观编码环境中发挥的重要作用。

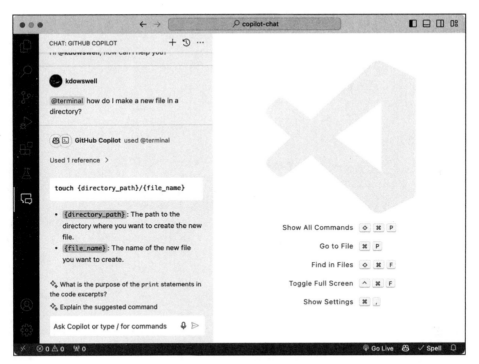

图 4.28 @terminal 问答

接下来，我们可以在实际的软件开发过程中运用本章所学，从代码优化、调试、测试编写到文档生成，让 Copilot Chat 成为我们的得力助手，充分发挥其功能，共同应对软件开发中的复杂挑战。

第三部分 Part 3

GitHub Copilot 的实际应用

本部分内容包括：
- 第 5 章 学习一门新的编程语言
- 第 6 章 编写测试
- 第 7 章 诊断与修复错误
- 第 8 章 助力代码重构
- 第 9 章 增强代码安全性
- 第 10 章 加速 DevSecOps 实践
- 第 11 章 优化开发环境
- 第 12 章 通用转换

第 5 章

学习一门新的编程语言

在本章中，我们将探讨如何使用 Copilot 学习一门新的编程语言。通过 Copilot，我们可以在集成开发环境中进行以下有关编程语言学习的活动：

- ❏ 快速地获得有关新语言的问题解答，Copilot 会根据之前的知识提供量身定制的个性化见解。
- ❏ 查看实例代码，理解新语言的语法和使用。
- ❏ 运行测试，验证新学习的语言特性是否起作用。
- ❏ 在学习过程中随时向 Copilot 提问，获得即时的反馈和解答。

本章将以 VS Code 为例，展示如何利用 Copilot 和 Copilot Chat 学习新的编程语言。需要注意的是：目前 Copilot Chat 功能并未在所有的 IDE 中获得支持；在支持的 IDE 之间，Copilot Chat 的使用体验也会略有差异。鉴于此，本章选择介绍的大部分特性均适用于其他支持 Copilot Chat 的 IDE，你可以根据需要选择自己的 IDE 跟进后续的学习。

- ❏ 学习语言导论
- ❏ 搭建开发环境
- ❏ 学习基础知识
- ❏ 创建控制台应用程序
- ❏ 阐释代码
- ❏ 添加新代码
- ❏ 学习测试

5.1 学习语言导论

根据 TIOBE 指数（一种衡量编程语言流行度的指标），目前有 50 种编程语言的受欢迎程度超过 2% [1]。这个指数已存在多年，它使用 Google、Wikipedia 等多个来源的引用数据对编程语言的趋势进行分析和评估。

近年来，C# 的人气持续攀升。2023 年，TIOBE 将 Programming Language Hall of Frame 的奖项颁给了 C#，以表彰 C# 在当年评级中成为受欢迎程度涨幅最大的编程语言。

C# 是微软于 21 世纪初开发的一门面向对象的编程语言，它设计简单、功能强大、类型安全且对开发人员友好。

接下来，我们将以 C# 为例，说明如何使用 Copilot 学习一门我们可能从未考虑过尝试的编程语言。

5.2 搭建开发环境

在本节中，我们将为示例项目搭建开发环境。此步骤需要先完成，以便开始后面的编程练习。

5.2.1 准备工作

要完成这个示例，需要具备以下前提条件：

- Visual Studio Code
- 拥有 Copilot 订阅的 GitHub 账户
- VS Code GitHub Copilot 扩展

5.2.2 安装指南

学习一门新语言的第一步就是要确保开发环境配置妥当。本章将以 C# 编程语言为例进行讲解。

先发送以下请求给 Copilot Chat 来设置开发环境，它将指引我们获取必要的资源和入门步骤（见图 5.1）：

```
help me setup my computer to run c#
```

可以看到，Copilot 已经准确指出了运行 C# 应用程序的先决条件是 .NET Core SDK。考虑到 IDE 的重要性，Copilot 向我们推荐了 Visual Studio Code（VS Code）。根据它的提示访问以下官方网址下载 .NET Core SDK 并进行安装：

```
https://aka.ms/dotnet-core-download
```

安装完 .NET Core SDK 后，建议按 Copilot 的指示继续安装 C# 扩展，它会提升 VS Code 开发体验。如果不使用 VS Code 也没有关系，只要安装了 .NET Core SDK，我们仍然可以通过 dotnet 命令行界面来运行 C# 应用程序。

接下来，找到 squares（方块）图标（见图 5.2）切换到操作栏上的扩展面板。

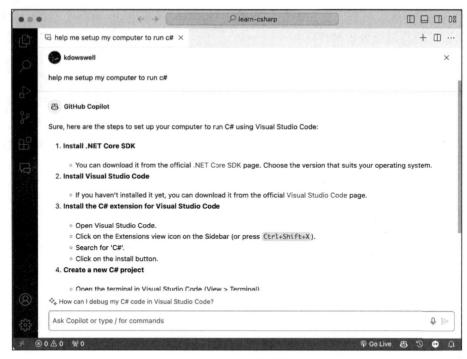

图 5.1　Copilot 对话指令

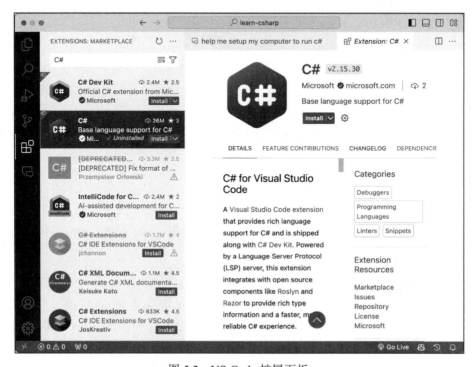

图 5.2　VS Code 扩展面板

1. 打开扩展面板。
2. 搜索 "C#"。
3. 在 "C#" 扩展结果中，单击 Install。

在 C# 的开发中，微软鼓励开发人员安装 C# 开发工具包（C# Dev Kit），该工具包包含了 C# 扩展程序。对于本例，只需要 C# 扩展程序。然而，C# 开发工具包提供了丰富的开发体验，建议继续安装。如果对此感兴趣，可在之后进一步了解。

5.3　学习基础知识

环境配置完成后，我们将了解使用 Copilot 学习一门新语言的基本要素。

5.3.1　准备工作

要跟着示例练习，需要具备以下前提条件：
- Visual Studio Code：https://code.visualstudio.com/download
- GitHub Copilot 扩展：https://marketplace.visualstudio.com/items?itemName=GitHub.copilot
- GitHub 账户：https://github.com/signup
- GitHub Copilot 许可证：https://github.com/features/copilot/plans

5.3.2　学习 C#

现在，我们已经使用 Copilot 了解了学习一门新语言需要的搭建流程。接下来，让我们开始与 Copilot 展开对话，帮助我们对 C# 建立一个基本的理解。与 Copilot 互动时，我们可以在提示方式上发挥创意。无论你从事哪个行业，有什么兴趣爱好，或对什么主题感兴趣，都可以让 Copilot 以此为基础来进行回答。在这个例子中，我们将以 pirates（海盗）作为学习 C# 的主题。让我们从以下提示开始（见图 5.3）：

```
teach me c# language basics. use pirates
```

> **注：** GitHub Copilot 每次的回应结果是不确定的，即使输入相同的提示文本，也可能返回不同的结果。

根据我们的提示，Copilot 会开始生成描述 C# 基础知识的一系列内容，包括变量、数据类型、条件语句、循环、数组、函数和类等。如果希望深入了解某些特定的语言主题，那么还可以继续与 Copilot 展开对话。在这个过程中，Copilot 会根据之前的对话上下文，在每次回应的底部提供一些后续问题的建议，从而引导对话的发展，帮助我们进行语言学习。

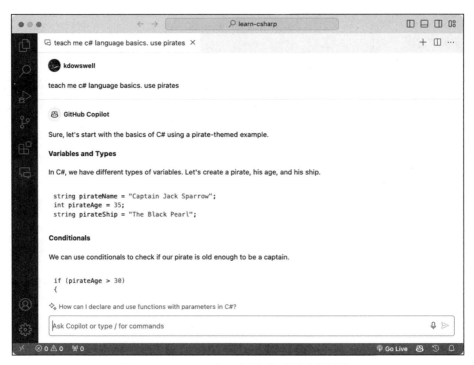

图 5.3　Copilot 对 C# 语言基础提示的回应

5.4　创建控制台应用程序

在了解了 C# 编程语言的一些基本原理之后，我们将学习如何通过创建一个控制台应用程序来拓展这些知识，以及学习 C# 的一些核心特性。

5.4.1　准备工作

要跟随这个示例进行练习，需要具备以下前提条件：

- Visual Studio Code（VS Code）
- GitHub 账户
- GitHub Copilot 许可证
- GitHub Copilot 扩展
- .NET Core SDK
- VS Code C# 扩展

5.4.2　创建 C# 控制台应用程序

使用 Copilot 创建控制台应用程序有多种方法。在这里，我们将使用对话功能找到用

dotnet CLI 手动创建控制台应用程序的最佳方法。需要注意的是，Copilot 支持通过 /new 命令创建新的工作区。例如，使用以下命令创建一个控制台应用程序：

```
@workspace /new net8 c# console app called PiratesExample with test
project using NUnit
```

在向 Copilot 下达指令时，上下文和清晰度对于获得理想的输出至关重要。本例中明确指定了 dotnet 的版本、使用的编程语言、项目名称和测试框架，这为 Copilot 提供了必要的上下文信息，因此 Copilot 也能为我们生成高质量的结果。

现在，我们来探索如何与 Copilot 进行对话，以了解如何创建 C# 控制台应用程序并手动运行。为了使 Copilot 给出针对性的回应，我们可以根据自己的需求定制提示。例如，可以尝试用以下类似的方式向 Copilot 发问：

```
How do I create a c# console app and run it?
```

将得到在 VS Code 中运行 C# 程序所需的步骤（见图 5.4）。这些步骤包括：

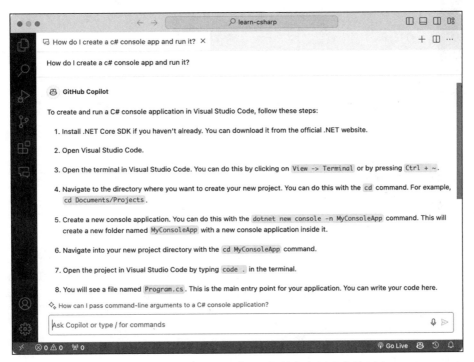

图 5.4　Copilot 针对如何创建 C# 控制台应用程序的回应

1. 安装 .NET Core SDK。
2. 打开 VS Code。
3. 在 VS Code 中打开终端。
4. 进入我们打算创建项目的文件夹。

5. 用 dotnet CLI 创建新的控制台应用程序，命令如下：`dotnet new console -n PiratesExample`

6. 在终端中输入 `cd PiratesExample` 命令，切换到新建的项目目录。

7. 在终端窗口中输入 `code .` 命令，在 VS Code 中打开项目。

完成这些步骤后，将在 VS Code 窗口中看到新建的海盗示例项目（见图 5.5）。

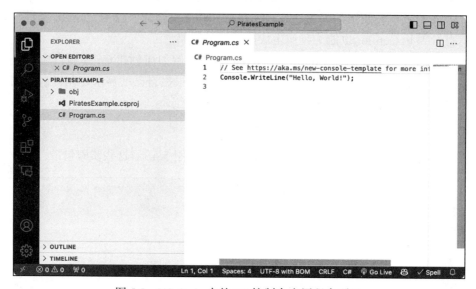

图 5.5　VS Code 中的 C# 控制台应用程序项目

现在，继续为这个 C# 示例应用添加代码，进一步探索 C# 的语言特性。打开 Copilot Chat，着手创建一个 `Pirate` 类。

打开 Copilot Chat 后，可以输入以下提示：

`Create a C# Pirate class with name, age, and ship properties`

这个提示为我们选定的技术和编程语言提供了足够的上下文信息，确保 Copilot 可以生成一致的结果。提供给 Copilot 的上下文越少，它的回答就越多样和不确定。在本例中，我们会看到类似图 5.6 的内容。利用 Copilot 生成的这段代码，我们就能创建一个 `Pirate.cs` 类文件。

5.5　阐释代码

创建 `Pirate.cs` 类之后，我们将了解如何使用 Copilot 从这段生成的代码中学到更多关于 C# 的知识。首先，如果对代码中的某些语法存疑，则可以在 Copilot Chat 中使用 `/explain` 命令。它会向 Copilot 提供上下文，之后 Copilot 就可以侧重解释正在查看的代码，而非生成新代码或测试（见图 5.7）。

第 5 章　学习一门新的编程语言　　65

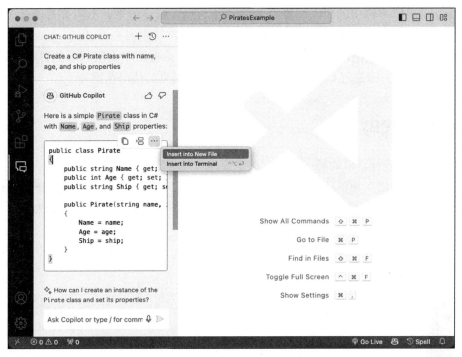

图 5.6　Copilot Chat 对创建 `Pirate` 类请求的回应

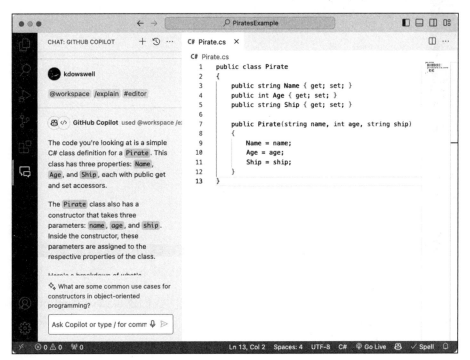

图 5.7　Copilot 对 `Pirate.cs` 类文件使用 `/explain` 命令

另外，也可以对选中的代码或整个文件使用 /explain 命令。不同 IDE 的命令操作可能会略有差异。在 VS Code 中，Copilot 使用命令时会自动注入 @workspace 代理关键词。另外，若要在 Copilot 上下文中包含代码，则需要在对话视图中指定请求的目标。在这里，我们使用 #editor 标签向 Copilot 指定编辑器窗口内可见的代码范围。

5.6 添加新代码

使用 Copilot 进行学习的另一个好方法是使用它的代码补全功能。在学习一门新语言的时候，会有一些难以实现的代码。对此，可以直接在工作文档中使用内联注释告知 Copilot 为我们提供这些代码片段。接下来，我们将运用这种策略，在 Pirate.cs 类文件中创建一个新方法。

在构造函数下方添加内联注释 // greeting method 并换行。随后，将看到 Copilot 为完成该方法提供的代码建议（见图 5.8）。

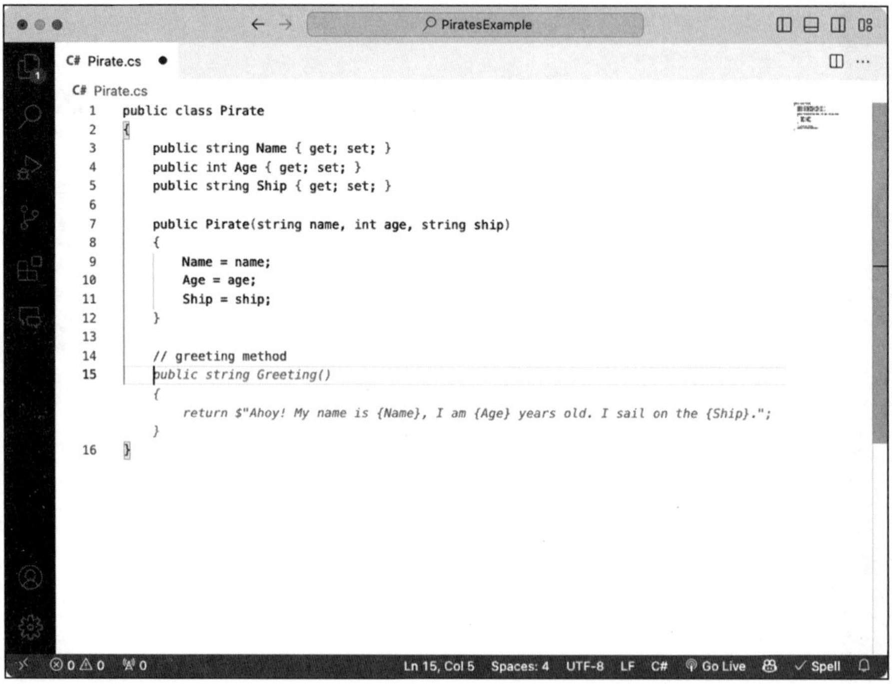

图 5.8　Copilot 对新方法的代码补全

这是一种在编程过程中与 Copilot 进行交互的方式。我们还可以向 Copilot 请求逻辑表达式、方法、属性等多种编程元素。

例如，可以用这种方式为 Pirate 类添加新方法。在 Greeting() 方法后加入一个新的内联注释，如下所示：

```
// attack pirate method
```

Copilot 收到请求后会返回一个名为 Insert 的建议方法，我们可以利用这种方法快速地扩展 `Pirate.cs` 类的功能。

5.7 学习测试

对于任何编程语言而言，掌握有效测试代码的方法都至关重要。每种语言和框架都有不同的测试手段。本节将探讨如何使用 Copilot 来帮助我们学习 C# 测试代码的方法。

在开始添加单元测试之前，需要先将现有项目文件移至一个新的子文件夹中。在本例中，可以在工作区创建一个名为 `PiratesExample` 的新文件夹，然后将 `Pirate.cs`、`PiratesExample.csproj` 和 `Program.cs` 文件剪切并粘贴到这个新文件夹中。

如同前面章节，我们继续与 Copilot 对话，探索如何学习这门语言的新内容。这次，我们将询问 Copilot 如何为 C# 海盗示例项目编写单元测试（见图 5.9）。

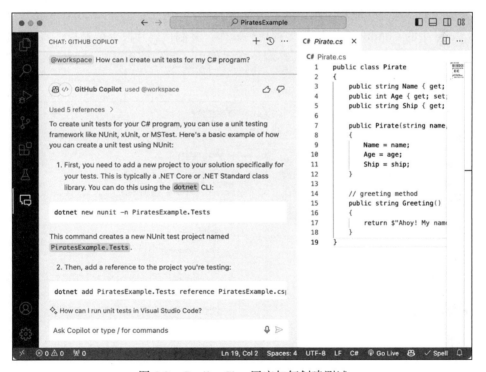

图 5.9　Copilot Chat 回应如何创建测试

以下是示例提示：

```
@workspace How can I create unit tests for my C# program using the
dotnet cli?
```

在这个例子中，Copilot 给出的回应表明存在多种类型的测试框架，其中给出的 CLI 命令示例中使用了 NUnit 测试框架。在这里，除了使用建议的命令外，也可以使用 Copilot 探索每种测试框架的优缺点，然后做出最佳选择。在海盗这个示例项目中，将继续使用推荐的 dotnet CLI 命令和 NUnit 测试框架。

另外，在 VS Code 中使用 @workspace 代理时，Copilot 会检索代码库并扫描相关文件，以生成更理想的回应。这个代理能提供量身定制的高质量输出，无须我们自己研究和构建复杂的提示。但是，并非所有的 IDE 都有 Copilot Chat 代理。若使用其他 IDE，则需要在提示中补充额外上下文以获得类似结果。

在 Copilot 为创建单元测试给出的回应中，它建议我们为测试另建一个新项目。C# 初学者可能不太理解这样做的原因。我们可以使用以下提示直接向 Copilot 询问它建议的依据：

```
Why is it important to have our unit tests in a separate project?
```

通常，Copilot 会对这种常见做法给出几个合理理由，包括关注点分离、避免部署测试代码、依赖管理、构建性能和组织结构的考量等。

VS Code 中的 Copilot Chat 支持多种代码操作：复制代码片段到剪贴板、将代码插入当前文件、新建文件，以及将代码插入终端。在本例中，我们使用其中的"插入终端"功能（见图 5.10）。

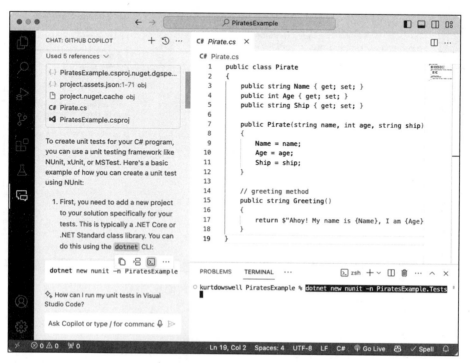

图 5.10　Copilot Chat 的"插入终端"功能

运行命令 `dotnet new nunit -n PiratesExample.Tests` 后，将创建 `PiratesExample.Tests` 项目。

接下来，跟着 Copilot 的提示，在终端中输入以下命令，添加对 `PiratesExample` 项目的引用：

`dotnet add PiratesExample.Tests reference PiratesExample`

到这里，Copilot 应该已经给出了如何运行单元测试项目的建议。如果没有，可以使用 dotnet CLI 命令来运行单元测试，即 `dotnet test`。执行后会提示错误："指定工作目录缺少项目或解决方案"。这是因为我们已经将 `PiratesExample` 项目移出。我们可以使用快速修复菜单，让 Copilot 为此问题提供解释和可能的修复方案（见图 5.11）。

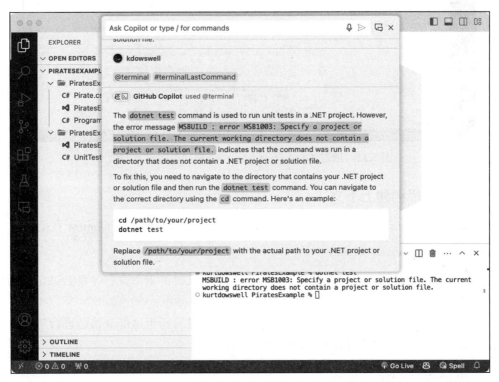

图 5.11　Copilot 通过快速修复菜单解释最近一条终端命令

现在，我们已经知道如何正确运行 `dotnet test` 命令。接下来，运行它以成功构建并执行测试项目（见图 5.12）。

这个时候，单元测试项目正在运行。我们可以让 Copilot 为测试 `Pirate.cs` 类创建一个基准，用于探索如何测试这个 `Pirate.cs` 类。在此之前，先打开 `Pirate.cs` 文件。接下来以 `Greeting()` 方法为例创建测试，向 Copilot 提供所需的上下文，从而为测试文件奠定一个好的基础。要实现这个目的，有以下几种方式。

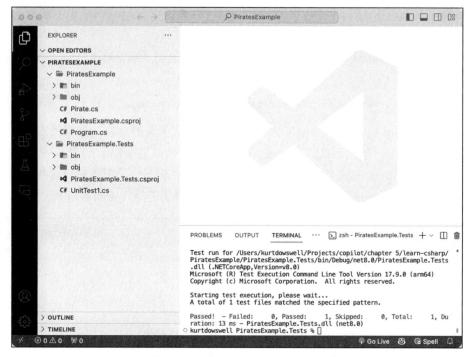

图 5.12 通过 dotnet test 命令成功执行单元测试

5.7.1 通过选择创建上下文

打开 Pirate.cs 文件，全选其中的文本。选中文本后，即可与 Copilot 直接对话。

```
/tests for Greeting method
```

这个请求会让 Copilot 以选中的代码文本作为整个文件的上下文，并将测试定位到提示中指定的范围（见图 5.13）。

如果仅选中 Greeting method，Copilot 的响应将只基于这部分信息进行考虑。这会导致生成的测试未能使用我们前面实现的构造函数。

5.7.2 通过标签创建上下文

除了使用选定文本作为上下文外，还可以使用标签让 Copilot 考虑额外的代码行。此功能在各 IDE 中可能有所不同。截至本书编写时，通过标签引用文件的概念在大多数 IDE 中基本是通用的。

运用此技巧，可以将提示更改为以下内容：

```
/tests for Greeting method #file:Pirate.cs
```

输入 #file 标签后，会弹出文件选择菜单。使用该提示，将获得与前面整个文件示例相似的结果。

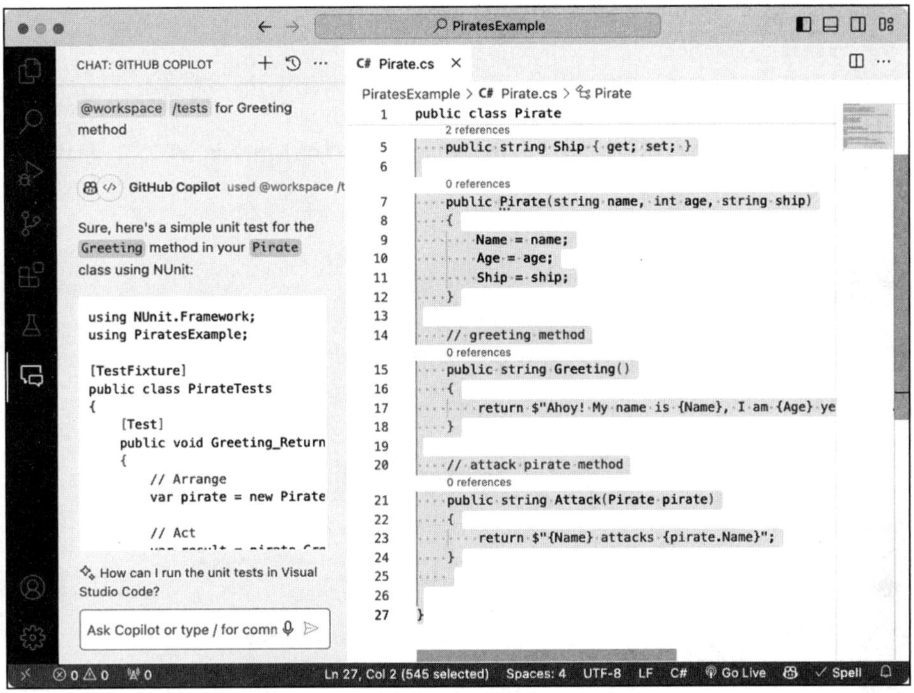

图 5.13　Copilot Chat 针对 `Greeting method` 测试的回应

5.7.3　运行测试

现在已经为 `Pirate.cs` 的 `Greeting()` 方法生成了基准测试，之后可以将此代码添加至测试项目。添加完该文件后，在终端运行 `dotnet test` 命令即可启动一次新的测试（见图 5.14）。

特别说明，在演示的代码中，为了让生成的单元测试正常运行，还需要在 `Pirate.cs` 文件的第一行为该类添加命名空间。

```
namespace PiratesExample;

public class Pirate
{
    public string Name { get; set; }
    public int Age { get; set; }
    public string Ship { get; set; }

    public Pirate(string name, int age, string ship)
    {
        Name = name;
        Age = age;
```

```csharp
        Ship = ship;
    }

    // greeting method
    public string Greeting()
    {
        return $"Ahoy! My name is {Name}, I am {Age} years old. I sail on the {Ship}.";
    }

    // attack pirate method
    public string Attack(Pirate pirate)
    {
        return $"{Name} attacks {pirate.Name}";
    }
}
```

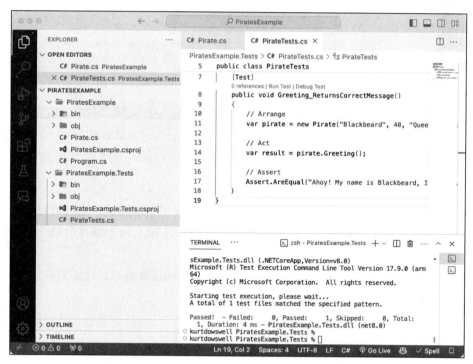

图 5.14　`Pirate` 类 `Greeting()` 方法的单元测试

5.8　结语

本章提供了如何使用 Copilot 学习一门新的编程语言的全面指南。Copilot 可以根据个人兴趣和需求提供量身定制的见解和示例,让学习新的编程语言变得不那么艰难,且更加引人入胜。

本章还重点介绍了在 VS Code 等集成开发环境中如何运用 Copilot 的多样性以及它强大的功能。无论是探索基础概念、编写新代码，还是通过测试进行学习，Copilot 都是一位得力助手，能够加快我们的学习进程，提升学习体验。

本章的实例也展示了 Copilot 如何充当学习导师，指导我们驾驭新编程语言的复杂性，充分利用已有知识并适应我们的学习风格。正如 C# 的例子所示，从环境搭建到高级的编程实践，无论我们选择学习哪种编程语言，Copilot 都能在每一步为我们提供个性化的帮助。

5.9　参考文献

[1] TIOBE, "TIOBE Index for February 2024," 2024. [Online]. Available: https://www.tiobe.com/tiobe-index.

第 6 章

编写测试

测试是软件开发的基石,它可以确保代码的正常运行且稳健可靠。GitHub Copilot 的出现为这个领域提供了一个变革性的工具,它为开发者提供了能够简化测试流程的 AI 助手。通过提出代码建议、生成和优化测试用例,GitHub Copilot 可以提高软件测试的效率和覆盖率。

本章旨在探讨使用 GitHub Copilot 编写测试的实际好处。我们将演示 GitHub Copilot 如何加速构建全面测试套件的过程,涵盖从单元测试、集成测试到正则表达式测试和表单输入验证器等特定场景。

- ❏ 创建示例项目
- ❏ 为现有代码添加单元测试
- ❏ 探索行为驱动开发

6.1 创建示例项目

如果打算继续练习接下来的例子,则需要先在以下网址下载代码示例,在下载的第 6 章文件夹中找到项目 `todo-api-ch06-starter`,然后创建一个副本即可:

www.wiley.com/go/programminggithubcopilot

这个代码示例是一个简单的待办事项应用程序。在 6.2 节中,我们将为该项目创建 API,并从中了解 GitHub Copilot 如何协助创建各种后端 API 测试。

本章使用的这个 API 项目基于 NestJS API 框架构建。该框架配备了强大的测试套件,能够涵盖从单元测试到集成测试的多个主题,也可以展示使用 Copilot 编写测试的过程。

准备工作

要跟着这个示例动手练习,需要具备以下前提条件:
- Visual Studio Code:`https://code.visualstudio.com/download`
- GitHub Copilot 扩展:`https://marketplace.visualstudio.com/items?itemName=GitHub.copilot`
- Node.js:`https://nodejs.org/zh-cn/download`
- NestJS:`https://docs.nestjs.com/first-steps`
- Jest 扩展:`https://marketplace.visualstudio.com/items?itemName=Orta.vscode-jest`
- Coverage Gutters 扩展:`https://marketplace.visualstudio.com/items?itemName=ryanluker.vscode-coverage-gutters`

在下载完 `todo-api-ch06-starter` 示例项目后,就可以开始练习了。先在 VS Code 中打开项目根文件夹。打开后,会看到 `todo-api` 的源文件。

然后在 VS Code 中打开集成终端。切换到项目根目录下,运行以下命令:

```
npm install
```

安装完项目所需的安装包后,运行以下命令启动编译模式,它会根据代码的实时变更进行实时的编译:

```
npm run start:dev
```

另外,在启动脚本运行的同时,我们还需要打开另一个终端窗口,执行以下命令:

```
npm run test:watchAll
```

这样,每次修改代码也会自动触发单元测试,并生成覆盖率报告。

最后,如果要查看内联测试覆盖率结果,可以通过命令面板或任何一个打开的编辑器的右键菜单运行"`coverage gutters: watch process`"(覆盖范围边框:监视进程)即可。

6.2 为现有代码添加单元测试

在本节中,我们将了解 Copilot 如何协助为现有代码添加单元测试。传统上,单元测试创建工具仅能生成与被测方法对应的测试方法。而有了 Copilot,我们不仅能生成与之匹配的单元测试,还能为测试方法的核心组件提供进一步编写的基础。

6.2.1 以注释驱动单元测试的创建

正如在前面的示例中所看到的,我们可通过顶层注释和内联注释为 Copilot 提供上下文，以获得高质量的代码补全。让我们打开 `todo.controller.spec.ts` 文件，添加一个带有内联注释的单元测试。然后，在 should be defined 测试下方添加以下注释：

```
// Add test for the create method
```

在此注释下另起新行后，Copilot 就会给出代码补全建议（见图 6.1）。

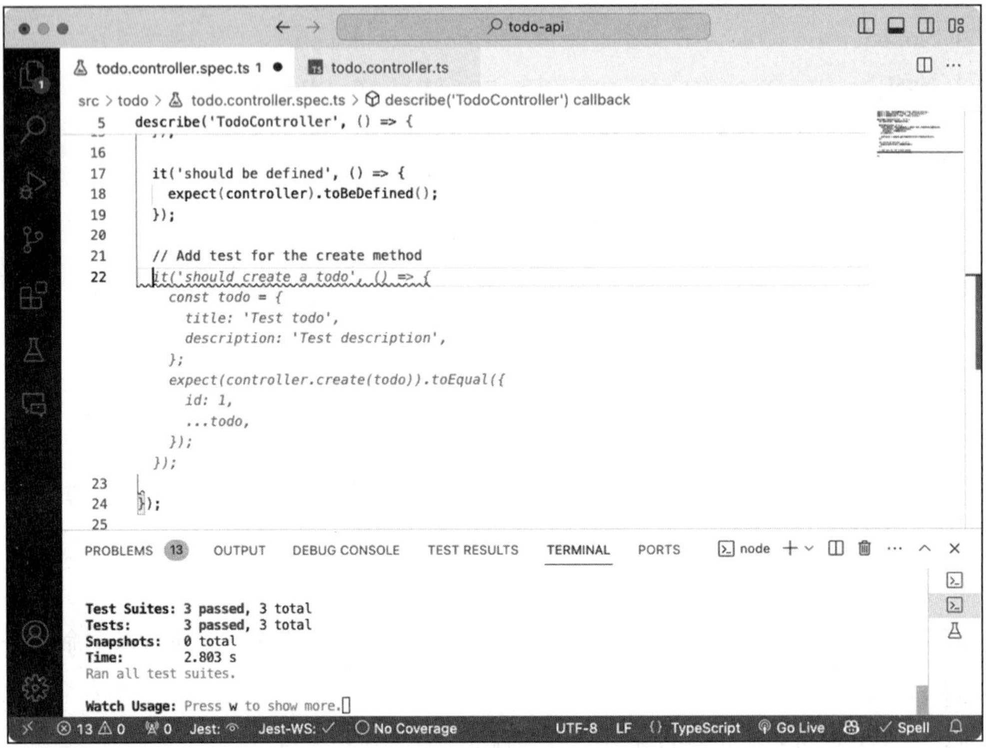

图 6.1　基于内联注释的代码补全测试

基于我们为 Copilot 提供的上下文，应该可以获得一个不错的单元测试作为开始，该测试覆盖了 `todo.controller.ts` 文件中的 `create()` 方法。运行此测试后，将发现结果与服务层的预期不符（见图 6.2）。

如果在为新测试输入内联注释前打开了 `todo.service.ts` 文件，Copilot 就会生成与现有服务代码相匹配的测试。目前，该服务代码返回的是占位符字符串，而非对象类型。

稍后，我们会发现需要修改此代码来模拟服务层的结果，以消除代码对外部数据库调用的依赖。

让我们在单元测试所期待使用的服务结果对象中增加一个 `isCompleted` 属性，以完善在创建新待办事项时希望从服务函数返回的内容（见图 6.3）。

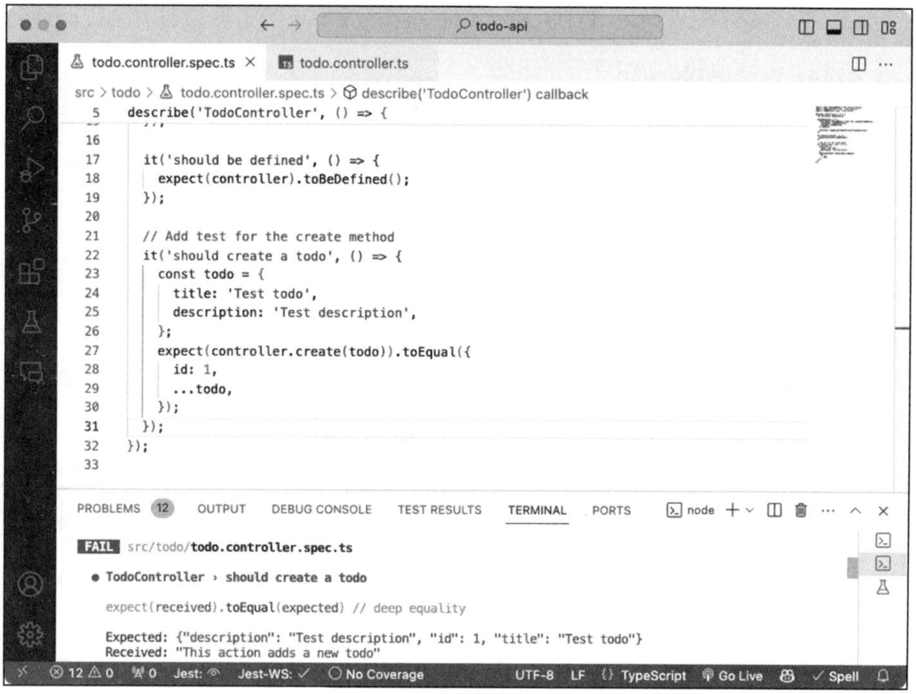

第 6 章 编写测试

图 6.2 新测试导致的失败结果

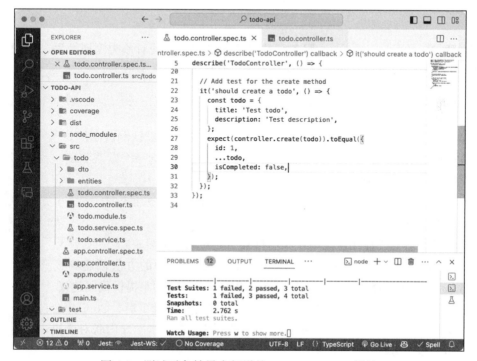

图 6.3 测试对象结果中新增的 `isCompleted` 属性

为 `create-todo.dto.ts` DTO 和 `todo.entity.ts` 实体文件添加以下属性：

```
export class CreateTodoDto {
  title: string;
  description: string;
}
export class Todo {
  id: number;
  title: string;
  description: string;
  isCompleted: boolean;
}
```

现在，我们已经有了测试用例和代表服务层预期结果的对象类型，接下来重构 `todo.service.ts` 文件，使其与单元测试保持一致并通过测试。

在将新属性添加到 DTO 和实体类后，我们需要更新 `create` 方法以匹配单元测试的预期结果。在这个过程中，可以使用 Copilot 的代码补全功能来协助编写返回对象的代码片段。

```
create(createTodoDto: CreateTodoDto): Todo {
  return {
    id: 1,
    ...createTodoDto,
    isCompleted: false,
  };
}
```

根据建议，更新 `create()` 服务函数以匹配之前定义的对象类型属性后，我们就可以运行测试，而且应该可以看到测试通过的结果（见图 6.4）。

6.2.2 使用内联对话生成测试

本节将探讨如何使用内联对话，为整个类文件生成一些默认测试用例。

首先打开 `todo.service.spec.ts` 文件。该文件包含一个默认测试。我们不会使用它，删除这个文件中的全部内容，然后单击保存。

在清空 `todo.service.spec.ts` 文件后，打开 `todo.service.ts` 类文件。全选文件内容，为 Copilot 提供生成测试所需的上下文信息。

选中全部内容后，使用快捷键或菜单打开内联对话（见图 6.5）。

打开对话框后，使用 `/tests` 命令指示 Copilot 为选中的方法创建测试。在这个过程中，Copilot 会搜索符合被测文件命名规范的现有测试类文件来提供代码建议。

Copilot 允许我们查看已生成的代码变更。在接受这些变更后，Copilot 会自动应用这些变更。如果对 Copilot 创建的测试并不满意，那么可以进一步引导内联对话提示，提供更多的上下文以获得想要的结果。

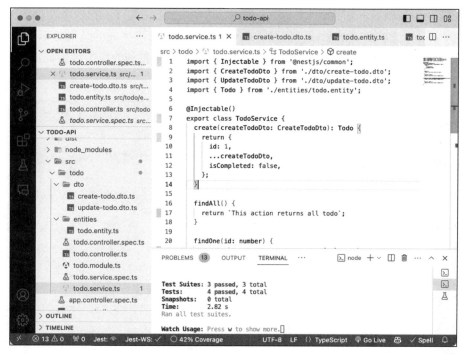

图 6.4　重构服务函数及测试通过结果

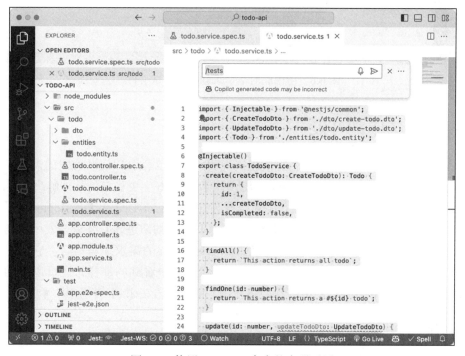

图 6.5　使用 /tests 命令的内联对话

生成满意的测试后，切换到 `todo.service.spec.ts` 文件。在这个文件中有通过内联对话向 Copilot 请求生成的测试。但是，GitHub Copilot 每次生成的结果并不确定。因此，需要找到能覆盖服务文件中每个函数的测试，并根据当前参数和响应类型验证这些方法（见图 6.6）。

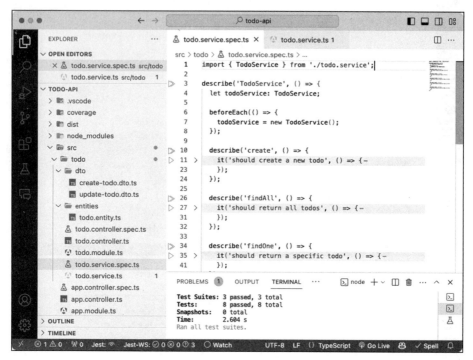

图 6.6　由内联对话请求创建的测试文件

6.3　探索行为驱动开发

在软件开发中，产品团队通常会提供规格说明或需求文档，以反映客户的需求。Copilot 能够基于这些规格说明来创建测试，从而帮助用户实现更好、更稳定的软件解决方案。

从需求出发的测试实践称为行为驱动开发（Behavior-Driven Development，BDD）。BDD 是测试驱动开发（Test-Driven Development，TDD）的演进，它强调开发团队与产品团队之间的协作。BDD 测试的实现需要使用如 Gherkin 这样的需求编写语言。它可以使产品团队向开发团队传达对需求的明确期望，并且如在本节中看到的那样，还可以推动创建验证功能的测试。在接下来的示例中，我们将使用 Gherkin 语法来创建测试用例。

新增用户账户

这个例子中有一份功能需求，其中包含了用户角色、需求和价值说明。同时，还收到了两个用 Gherkin 语法描述的场景。我们需要针对这些场景创建测试用例来满足需求。

以下为示例需求：

```
Feature: User Account Creation
  As a user,
  I want to be able to add an account,
  So that I can work on my to-do list

  Scenario: Successful Account Creation
    Given I am on the registration page
    And I enter valid username and password
    When I click on the register button
    Then I should be redirected to my personal to-do list page
    And I should see a confirmation message that my account has been created

  Scenario: Failed Account Creation - User Already Exists
    Given I am on the registration page
    And I enter a username that is already taken
    When I click on the register button
    Then I should see an error message that the username is already taken
```

1. 配置

首先，让我们用 NestJS 命令行界面为用户在代码库中添加新资源。在项目根目录的终端窗口中执行以下命令：

```
nest g resource user
```

选择 REST API 并对 CRUD 入口点选择 Yes 后，todo-api 代码库中将新增一项资源（见图 6.7）。

2. 端到端测试

现在，用户功能的资源已经就绪，接下来让我们探讨如何使用 Copilot 来编写 BDD 测试。

端到端（E2E）测试与 BDD 风格测试相得益彰，因为它们通常都从用户与系统交互的角度出发。值得庆幸的是，NestJS 框架能协助我们生成这些测试。

在代码库中向下滚动，我们会在项目根目录下看到一个 `test` 文件夹。默认情况下，它包含了一个针对主应用程序入口点的测试类。

打开 `app.e2e-spec.ts` 类文件作为上下文，这样 Copilot 能知道如何协助编写新的测试（见图 6.8）。

然后，根据 `package.json` 文件中指定的配置，在终端中执行 `npm run test:e2e` 命令来运行这些端到端测试。

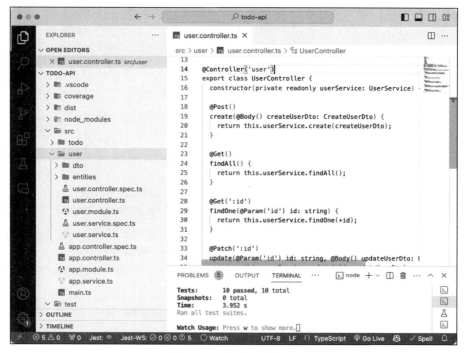

图 6.7　已创建用户资源

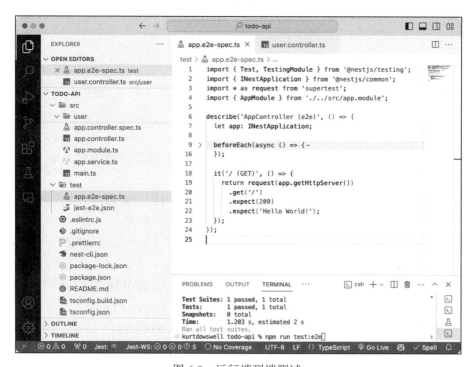

图 6.8　运行端到端测试

接下来，打开 `user.controller.ts` 和 `app.e2e-spec.ts` 这两个文件，为 BDD 测试新建一个类。切换到 `test` 文件夹，并在这里添加一个 E2E 测试文件，将其命名为 `user-creation.e2e-spec.ts`。接着在这个文件中将需求添加为顶层注释，以指导端到端测试的编写（见图 6.9）。

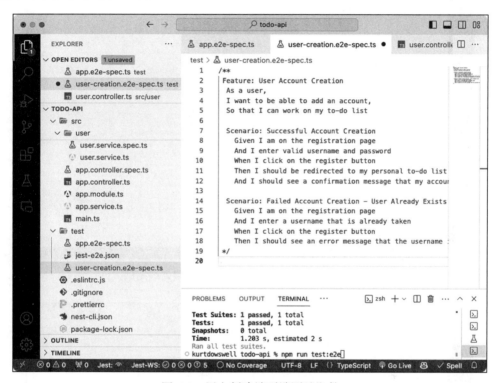

图 6.9　用户创建端到端测试文件

有了这个顶层注释，并且还有 `user.controller.ts` 和 `app.e2e-spec.ts` 这两个已经打开的文件，就为 Copilot 创造了一个理想的上下文，让它可以协助我们完成测试类的编写。

接下来，在注释后添加与 `app.e2e-spec.ts` 文件相同的 `import`（导入）语句，触发 Copilot 的代码补全功能（见图 6.10）。

在接受 Copilot 的代码建议后，需要注意的是一定要确保它符合测试要求，并根据需要进行修改。这个过程可以不断重复对顶层注释进行优化或添加更多引导性代码，以便 Copilot 为我们提供最佳的代码建议。

在运行这些测试后，这些新测试没能成功通过，原因是编码的规范与现有 API 功能不符（见图 6.11）。

而有了这些测试的保护之后，我们就可以自信地编写新代码了。对于这个例子，无须对这个功能所需的代码进行重构。

84 ❖ 第三部分　GitHub Copilot 的实际应用

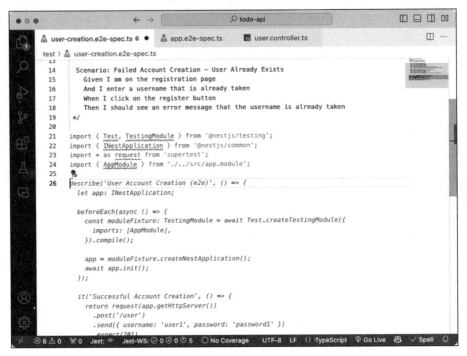

图 6.10　带 Copilot 代码建议的用户创建端到端测试文件

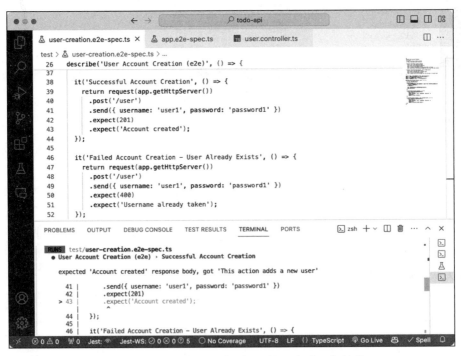

图 6.11　用户创建端到端测试文件的失败运行结果

6.4 结语

正如本章所示,GitHub Copilot 可以在各种场景下极大地提高我们编写高质量测试的能力。无论是为现有代码编写单元测试,为新系统组件进行集成测试,还是对系统功能的垂直切片进行端到端测试,Copilot 都能为我们打造更健壮的测试套件,同时又能够让我们专注于新功能的开发。

Chapter 7 第 7 章

诊断与修复错误

本章将详细介绍 Copilot 如何协助代码的诊断与修复错误。通过本章的多个例子,我们将了解 Copilot 在不同场景不打断开发节奏的前提下如何解决各种编码问题。

- ❏ 创建示例项目
- ❏ 修正语法错误
- ❏ 解决运行时异常
- ❏ 处理终端错误

7.1 创建示例项目

如同前面章节所述,如果打算跟着接下来的例子一起动手练习,则需要先在以下网址下载代码示例,在下载的第 7 章文件夹中找到 `todo-api-ch07-starter`,然后创建一个副本即可:

www.wiley.com/go/programminggithubcopilot

接下来使用的这个应用程序编程接口项目是一个 NestJS API 项目,我们将通过它来说明应用开发中可能出现的常见错误和缺陷(bug),以及如何使用 Copilot 来修复。

准备工作

要跟着这个示例动手练习,需要具备以下前提条件:

- ❏ Visual Studio Code: https://code.visualstudio.com/download
- ❏ GitHub Copilot 扩展: https://marketplace.visualstudio.com/items?

- itemName=GitHub.copilot
- Node.js：https://nodejs.org/zh-cn/download
- NestJS：https://docs.nestjs.com/first-steps
- Jest 扩展：https://marketplace.visualstudio.com/items?itemName=Orta.vscode-jest
- Coverage Gutters 扩展：https://marketplace.visualstudio.com/items?itemName=ryanluker.vscode-coverage-gutters
- ESLint：https://marketplace.visualstudio.com/items?itemName=dbaeumer.vscode-eslint

在下载完 `todo-api-ch07-starter` 示例项目后就可以开始这个练习了。先在 VS Code 中打开项目根目录文件夹。打开后，会看到 `todo-api` 的源文件。

然后在 VS Code 中打开集成终端。切换到项目根目录下，运行以下命令：

```
npm install
```

安装完项目所需的安装包后，运行以下命令启动编译模式，它会根据代码的实时变更进行实时的编译。

```
npm run start:dev
```

在启动脚本运行的同时，还需要打开另一个终端窗口，执行以下命令：

```
npm run test:watchAll
```

现在，每次代码变更也会自动触发单元测试，并生成覆盖率报告。

最后，如果要查看内联测试覆盖率结果，可以通过命令面板或任何一个打开的编辑器的右键菜单运行"`coverage gutters: watch process`"（覆盖范围边框：监视进程）即可。

7.2 修正语法错误

在本节中，我们将介绍如何使用 ESLint VS Code 扩展来标记代码问题，以便 Copilot 能够快速提供修正建议供我们检查。ESLint 是一个静态代码分析工具，它能够发现代码问题并直接在编辑器中高亮显示，检查起来也非常方便。

在本例中，我们将了解 Copilot 如何帮助修正 ESLint 扩展所标示的语法错误。

基于第 6 章的示例项目，先切换到 `user.service.ts` 类。若删除 `create()` 方法返回语句的结尾字符，就会引发 TypeScript 语法错误（见图 7.1）。

在这种情况下，内联对话是使用 Copilot 的理想工具，它能针对语法问题给出针对性的答案。将光标置于语法错误处（本例中为"`user`"字符串）后，可以通过快捷键或菜单来激活内联对话。而与此同时，Copilot 也会自动生成建议提示（见图 7.2）。

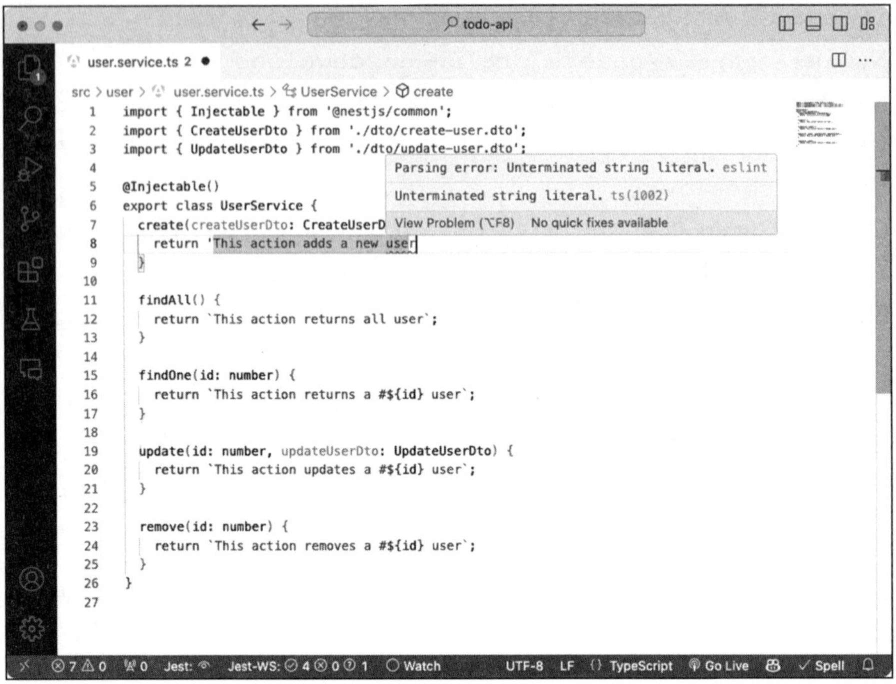

图 7.1 语法错误示例——高亮代码段及错误提示

图 7.2 Copilot 的内联对话回应

除了预填的提示外,向Copilot提交请求后,它还会提供如何正确修复这一语法问题的指导说明。

如果对对话框中预览的修改代码满意,可以选择接受Copilot给出的变更,并按照Copilot的建议查看更新后的代码。

在这种情况下,Copilot的代码建议是解决编译问题的合理方法,因为这是个显而易见的修复方法。然而,当错误不那么明显时,使用内联对话功能就很有帮助了。它可以在编辑器中直接提供预设的提示和修复建议,让我们的工作不受阻碍。

如我们所看到的,代码中仍存在一些违反TypeScript规则的语法错误。这些错误源于已定义但未使用的数据传输对象(Data Transfer Object, DTO)。若贸然接受Copilot的建议,那么我们实际上会偏离创建和更新用户这一既定目标(见图7.3)。

图7.3 Copilot的不当内联对话回应

注: 在整个过程中我们都需要仔细审核Copilot的建议,它们可能与预期并不完全一致。

7.3 解决运行时异常

在编程过程中,语法和编译错误反映了代码结构是否符合所用编程语言的规范。

开发过程中常见的异常类型之一是空引用异常。下面让我们来了解一下Copilot如何根据应用程序运行时出现的异常来调整代码。

在这个示例中，我们将构建 `user.service.ts` 类中 `create()` 方法的部分功能。

设置

首先，为 `create-user.dto.ts` 的 DTO 类添加用户名和密码属性。

```
export class CreateUserDto {
  username: string;
  password: string;
}
```

有了这些属性后，就可以在 `user.service.ts` 类中添加一些基本功能了。

```
// Import Statements
@Injectable()
export class UserService {
  users: User[] = [];

  create(createUserDto: CreateUserDto) {
    const { username, password } = createUserDto;

    const hashedPassword = password;

    const newUser: User = {
      username,
      password: hashedPassword,
    };

    this.users.push(newUser);
    return 'Account created';
  }

  // Remainder of Code
}
```

写完这段代码后，让我们继续为该方法添加一个单元测试，以验证空 DTO 对象的处理情况。打开 `user.service.spec.ts` 文件，添加注释确保空引用场景能被正确处理（见图 7.4）。

```
// create null parameter throw BadRequestException
```

生成测试后，导入 `BadRequestException` 类。此外，我们还会发现 Copilot 建议使用已废弃的 `toThrowError` 函数，而非推荐的 `toThrow` 函数。由于 Copilot 无法实时获取软件包和库的更新，因此可能会收到一些像本例一样需要调整的建议。

完成这些调整后，可以运行测试，观察函数接收空参数时的表现。运行之后，发现测试失败，且抛出了 `TypeError` 而非预期的 `BadRequest Exception`（见图 7.5）。

图 7.4 空参数创建方法测试的内联注释

图 7.5 create 方法测试失败

如果还没有初始化单元测试对话，则可以运行以下命令完成：

npm run test:watchAll

现在打开 user.service.ts 文件并添加必要代码，这样在接收到空参数时能抛出 BadRequestException。

在 create 方法签名后添加新行时，Copilot 很可能会推荐一个防范空参数的守卫语句（见图 7.6）。这是由于 Copilot 从旁边打开的测试文件中获得了相关的上下文。

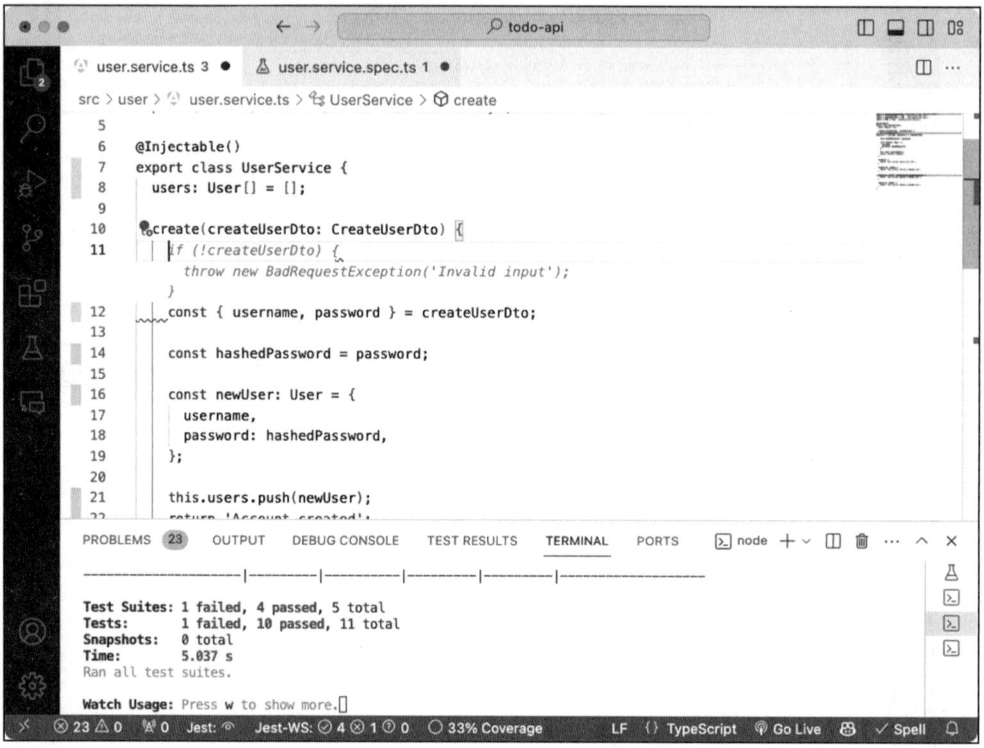

图 7.6　用户服务 create 方法的守卫语句代码建议

如果添加新行时 Copilot 未能提供理想的建议，则可以尝试先输入 if 语句的前半部分，或在文件顶部添加 BadRequestException 的导入语句，这或许能向 Copilot 提供更多的上下文以给出理想的建议。

在接受 Copilot 的代码建议后，保存文件。有了这个守卫语句，空引用的测试就应该可以通过（见图 7.7）。

7.4　处理终端错误

命令行界面提供了众多强大的工具和命令。尽管这些工具和命令能极大地改善开发体验，但有时难免会遇到错误，需要排查问题并寻求解决之道。

通常 `--help` 命令可以描述正在执行的命令，但这类帮助文档往往晦涩难懂，且未必能完全满足具体的需求。

接下来，让我们探讨 Copilot 如何使用 VS Code 的集成终端，帮助处理使用命令行工具时可能遇到的错误。

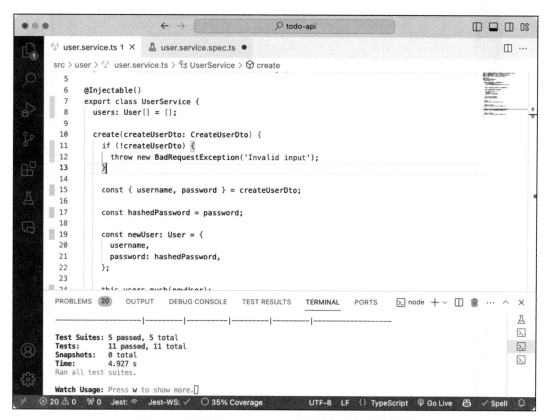

图 7.7　用户服务 `create` 方法通过空引用异常测试

在第一个示例中，我们将介绍如何为测试项目签出一个分支。如果在分支未创建时运行 `git checkout user-creation` 命令，则会出现错误（见图 7.8）。

可以使用快速修复菜单访问 Copilot 的 `/explain` 功能。该功能会自动为对话提示添加 `#terminalLastCommand` 标签（见图 7.9）。

基于这个提示，Copilot 成功地识别出我们正在试图签出一个不存在的分支，并给出了一条正确的命令行语句。这条语句中包含了适合的标志，可以一步到位地创建并检出该分支。

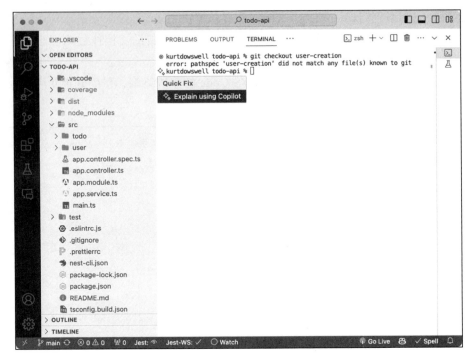

图 7.8 `git checkout` 命令的命令行界面错误

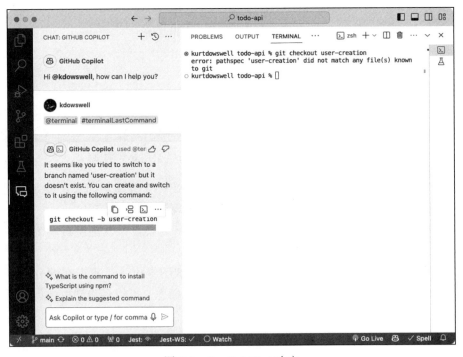

图 7.9 Copilot Chat 响应

7.5 结语

在本章中,我们了解了 GitHub Copilot 如何帮助修正语法错误、解决运行时异常和处理终端错误等复杂问题。通过与 Copilot 交互,我们可以将调试过程从独立作业转变为协作式的结对编程调试。

随着本章知识的深入,我们可以开始思考 Copilot 在代码库中的独特用法,让它协助我们实现更多无缺陷的日子,并获得干净的构建!

第 8 章

助力代码重构

在本章中,我们将学习如何把 Copilot 用作重构时的结对编程助手。虽然 VS Code 语言服务和 JetBrains ReSharper 等重构工具可以帮我们安全地改进代码,但 Copilot 作为我们的结对编程助手能在重构过程中协助找到代码的更佳写法,甚至在修改时提供建议。要想跟随本章的练习,可以在以下网址下载代码示例,在下载的第 8 章文件夹中找到项目 `todo-api-ch08-starter` 的副本即可:

www.wiley.com/go/programminggithubcopilot

- ❏ Copilot 代码重构简介
- ❏ 创建示例项目
- ❏ 重构重复代码
- ❏ 重构验证器
- ❏ 重构不当变量名
- ❏ 代码文档与注释

8.1 Copilot 代码重构简介

代码重构是指在保持外部行为不变的情况下,对内部代码进行调整的过程。在开始重构之前,必须拥有一套覆盖全面的测试套件,以确保外部行为不会被改变。

代码重构旨在提升代码的可维护性和可扩展性。可维护的代码易于理解、浏览和修改;可扩展的代码则灵活多变,能随应用程序的发展而适应需求的变化。

在本章之前,我们已经了解了 Copilot 如何协助创建新的测试、函数、类,乃至完整的程序模板,但尚未探讨 Copilot 在代码重构方面的能力。传统的重构工具能理解应用程序的解析树，并能精确地修改文件。而如本书所述，Copilot 建立在大语言模型之上，能根据给定上下文预测最可能的下一个标记。Copilot 与代码的交互方式类似于我们通过文本更新对代码进行编辑。

需要强调的是：在使用 Copilot 协助代码重构时，不要试图用它取代现有 IDE 中的专业重构工具。这些专业的重构工具可以帮助我们进行诸如函数抽取和代码格式化等精确的重构操作。

Copilot 的作用是引导我们进行重构，并提供代码改进的建议。即使最终选择其他工具完成重构，我们仍然可以持续与 Copilot 探讨改善代码结构的方案，学习如何降低函数的复杂度，以及探索设计模式的最佳实践等。通过这种方式，既可以最大化 Copilot 的优势，又能充分利用 IDE 中强大的重构功能，从而获得更好的代码重构效果。

8.2 创建示例项目

在本章中，我们将从 `todo-api` 项目的更新副本开始，其中包含了一些额外的代码，来体验重构既有项目代码的过程。

第 8 章的代码可通过以下网址获取：

www.wiley.com/go/programminggithubcopilot

更新后的应用程序编程语言新增了多个附加功能，可以使用它们来展示如何在实际场景中重构现有代码。

该项目有一个 SQLite 数据库，它使用 TypeORM 库来管理数据库事务。我们已经在 `UserController` 中添加了日志记录功能，在 `UserService` 中添加了存储库调用和验证逻辑。此外，我们还添加了单元测试和集成测试，为使用 Copilot 进行代码重构提供了良好的前提。

准备工作

要完成这个示例，需要具备以下前提条件：

- Visual Studio Code：https://code.visualstudio.com/download
- GitHub Copilot 扩展：https://marketplace.visualstudio.com/items?itemName=GitHub.copilot
- Node.js：https://nodejs.org/zh-cn/download
- NestJS：https://docs.nestjs.com/first-steps

下载完 `todo-api-ch08-starter` 示例项目后就可以开始这个练习了。先在 VS Code 中打开项目根目录文件夹。打开后，会看到待办事项和用户资源的 `todo-api` 源文件。

然后在 VS Code 中打开集成终端。切换到项目根目录下，执行以下命令：

```
npm install
```

安装完项目所需的安装包后,运行以下命令启动编译模式,它会根据代码的实时变更进行实时的编译。

```
npm run start:dev
```

接着,打开另一个集成终端,并执行以下指令:

```
npm run test:watchAll
```

现在,每次代码变更都会触发单元测试并生成覆盖率报告。我们可以继续使用 VS Code 扩展的 Coverage Gutters 功能,利用其覆盖率输出直观地查看哪些代码行已被单元测试覆盖。

最后,通过命令面板或任何一个打开的编辑器的右键菜单,激活"coverage gutters: watch"进程即可。

> **注:** 在终端运行 `npm run test:watchAll` 命令时,这里可能会出现 NestJS 的错误日志。这些日志实际上是来自覆盖 `user.controller.ts` 类中 `logger.error()` 语句的单元测试。

8.3 重构重复代码

第一个代码重构的例子是消除重复代码。在待办事项项目的 API 示例中,重复代码最常出现在验证、错误处理、日志记录和授权等环节。

先检查一下 `UserController` 类,从中找出可以精简重复代码的地方。这里会发现该控制器中的每个函数都在处理错误日志记录,并在记录完成后抛出错误(见图 8.1)。

例如,在 `update()` 函数中存在与 `findOne()` 函数相同的日志代码。这段代码在每个函数中都重复出现。

正如本章开头所述,要尽可能使用 IDE 工具进行精确的重构。此外,鉴于内部代码变更可能会影响外部行为,在重构前必须具有可靠的测试套件。

因此,重构该控制器的第一步是确保测试套件全面覆盖外部行为。从上图可以看出,`findOne()` 方法已有测试覆盖,但 `update()` 方法还没有。接下来,将介绍 Copilot 如何协助为 `update()` 方法添加单元测试,从而让我们有信心展开后续的重构工作。

8.3.1 添加单元测试

Copilot 可通过多种方式协助我们为该方法添加单元测试。在本节中,我们将了解使用 Copilot 创建不同测试的方法。

首先,从在测试文件输入这个方法开始,代码的输入会激活 Copilot 的代码补全功能(见图 8.2)。

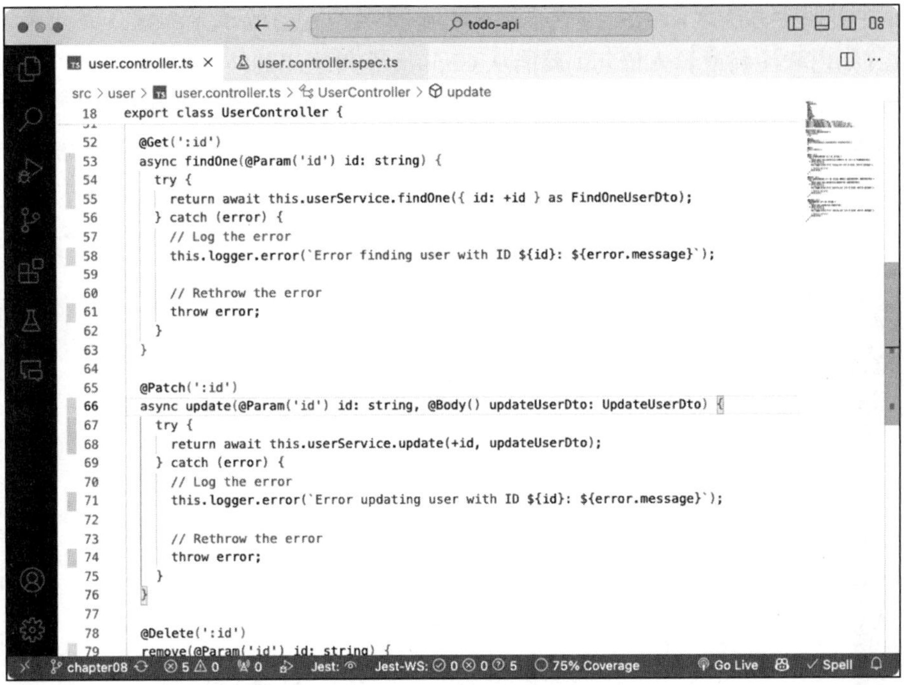

图 8.1　用户控制器错误日志记录

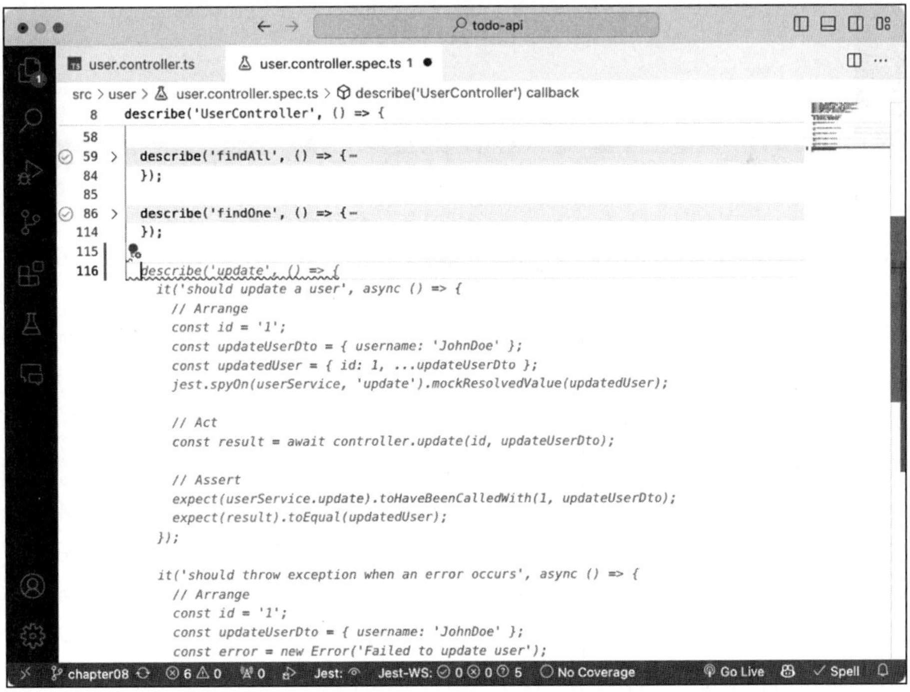

图 8.2　用户控制器测试文件，包含更新功能的代码补全

由于在实现该方法之前已经建立了格式良好且功能完备的单元测试，因此无须添加更多上下文（如内联注释或导入语句）就能从 Copilot 获得理想的结果。

针对 `UserController` 的下一个方法，我们将介绍如何利用内联对话生成单元测试。首先，选中需要测试的代码，然后通过快捷键或右键菜单激活内联对话。在弹出的对话框中，输入 `/tests` 指令（见图 8.3）。

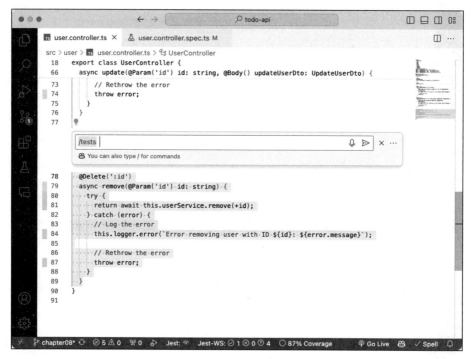

图 8.3　用户控制器内联对话测试的提示语

向 Copilot 发送测试提示后，会出现重构预览窗口，在这里可以查看 Copilot 对代码所做的修改，并决定是否采纳它的建议（见图 8.4）。

Copilot 会发现 `user.controller.spec.ts` 文件包含了 `remove()` 方法的类。之后，双击结果并查看代码来详细了解 Copilot 建议的重构方案。

接受该代码后，还可能需要清理输出结果。因为经过实验发现，当测试文件中没有测试代码时，内联对话创建的测试效果更佳。若已存在测试代码，则需稍作调整，以符合类的结构。未来的版本更新可能会改进这一点，从而让代码重构活动更好地无缝衔接。

在这个示例中，我们会看到 Copilot 在注释中提到了"现有代码"，但并未在代码文件的恰当位置进行调整或插入新代码（见图 8.5）。

添加新测试后，剪切 `describe()` 方法，并将其粘贴到 `UserController` 现有的 `describe()` 方法内，同时删除第 148 行 `UserController` 中重复的 `describe()` 方法（见图 8.6）。

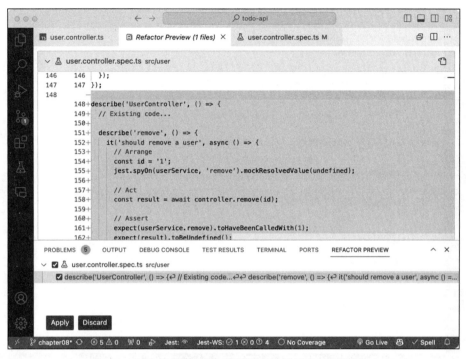

图 8.4　用户控制器内联对话测试的提示重构预览窗口

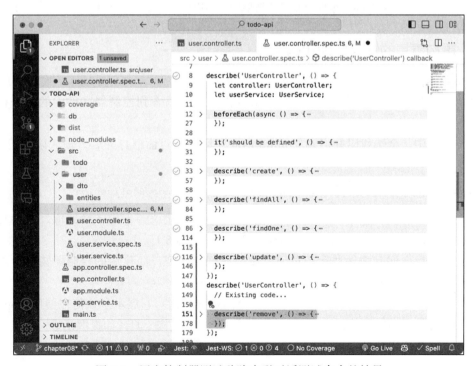

图 8.5　用户控制器测试移除内联对话测试命令的结果

图 8.6　根据内联对话结果调整的用户控制器测试文件

8.3.2　重构重复的错误处理代码

现在测试已完全覆盖了待重构的代码，返回到 `UserController`，我们会发现所有测试均已通过，而且借助 Coverage Gutters 扩展，可以看到控制器文件中的每一行都呈绿色。

在该文件中，全选代码并启动 Copilot 内联对话框。对话框打开后，输入以下指令（见图 8.7）：

`/fix add private handleError function to reduce code duplication`

向 Copilot 提交请求后，会收到一个包含了 Copilot 建议的重构方案回应，以及对为什么认为这个建议是对当下代码的合理调整的解释（见图 8.8）。

接受代码后，保存文件并运行单元测试。我们会发现，简化后的控制器错误日志记录仍保持相同的外部行为。

登录 API 的方式还有很多，以上只是一个简单的示例。它展示了如何在使用 Copilot 精简代码的同时保持预期的功能。在某些情况下，IDE 的重构工具（如提取函数）可能是更理想的选择。但在适当的情况下，如这个示例所示，使用 Copilot 可以帮助快速且准确地调整代码。

第 8 章 助力代码重构

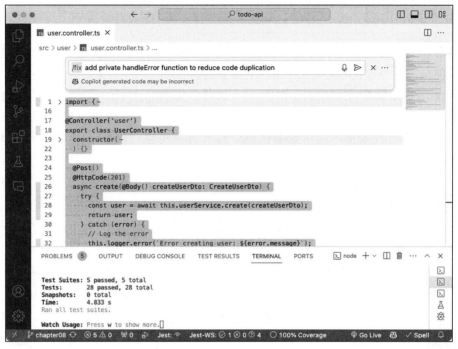

图 8.7 使用内联对话提示选中的用户控制器代码，准备进行重构

图 8.8 用户控制器代码重构结果

8.4 重构验证器

在许多项目中，验证逻辑起初都比较简单，但随着项目的发展，它们往往会超出原有的容器功能范围，导致代码复杂度增加，可维护性降低。

在这个例子中就如 `user.service.ts` 文件。它有一个 `create()` 方法，这个方法包含了用户名和密码字段的验证代码。虽然为用户输入添加保护子句和验证是好的做法，但在单一函数中放置大量不同职责的代码会降低可维护性。接下来我们将介绍如何使用 Copilot 添加测试并重构这段代码。

8.4.1 添加单元测试

`create()` 方法存在大量未被测试套件覆盖的验证逻辑，需要用 Copilot 内联对话为这段代码生成单元测试。

选中 `create()` 方法中的验证代码，然后使用 Copilot 内联对话为这些验证生成单元测试（见图 8.9）。

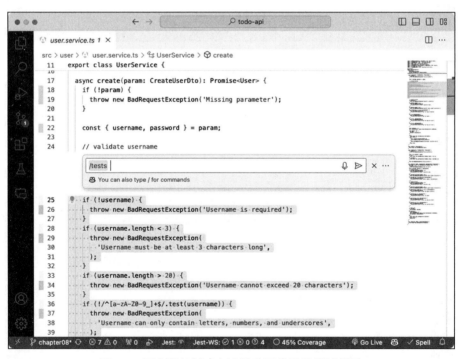

图 8.9　用户服务创建方法的验证代码及测试提示

这些生成的单元测试会放置在现有的 `user.service.spec.ts` 测试文件中，可以根据自己的编码风格对测试进行排序。我更倾向于将它们嵌套在 `create` 行为下。另外，我还将它们的容器行为重命名为 `validation`，以呈现更清晰的层级结构（见图 8.10）。

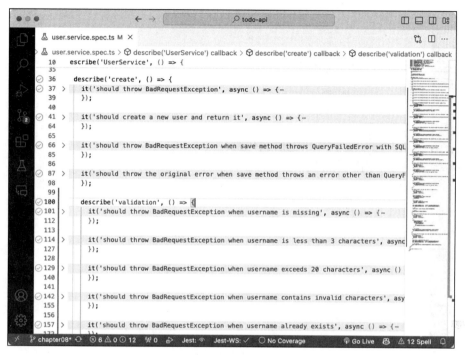

图 8.10　用户服务创建验证测试函数

如同以往，在使用 Copilot 生成代码时，需要验证输出是否符合需求且准确无误。有时可能需要调整提示或上下文，以便 Copilot 给出更理想的结果。

在这个例子中，"密码少于 6 个字符"㊀的测试用例失败了，原因是 Copilot 生成了一个合法的密码。在将密码缩短至 5 个字符后（不合法的密码）后，单元测试按预期通过了。

8.4.2　提取验证代码至函数

有了代码覆盖率的保障，现在可以安全地重构验证代码。对于这段代码，我们希望尽可能地降低方法的复杂度，保持职责单一。我们将使用内置的重构工具，通过代码操作菜单将用户名验证代码提取到一个独立的函数中。在 VS Code 中可右击选中代码，然后使用侧边栏的灯泡快捷键或键盘快捷键来访问此菜单（见图 8.11）。

选择 Extract to method in class 'UserService' 菜单项后，Copilot 会给出命名建议。这种针对性的重构在使用 IDE 内置的重构工具时效果很好。该例展示了传统的重构工具如何与 Copilot 配合，以提供健壮的重构体验。

保存文件后，单元测试应该已经自动运行并显示所有测试均已通过。在完成上面的代码重构后，我们可以继续提取密码验证的相关代码（见图 8.12）。

㊀　合法的密码是至少 6 个字符，这里作者的测试用例是验证不合法密码的场景，具体可以下载作者提供的第 8 章代码样例。——译者注

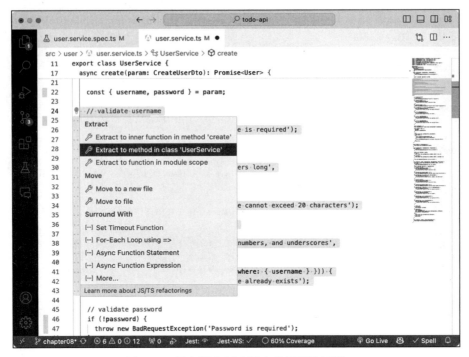

图 8.11　用户服务创建用户验证提取函数

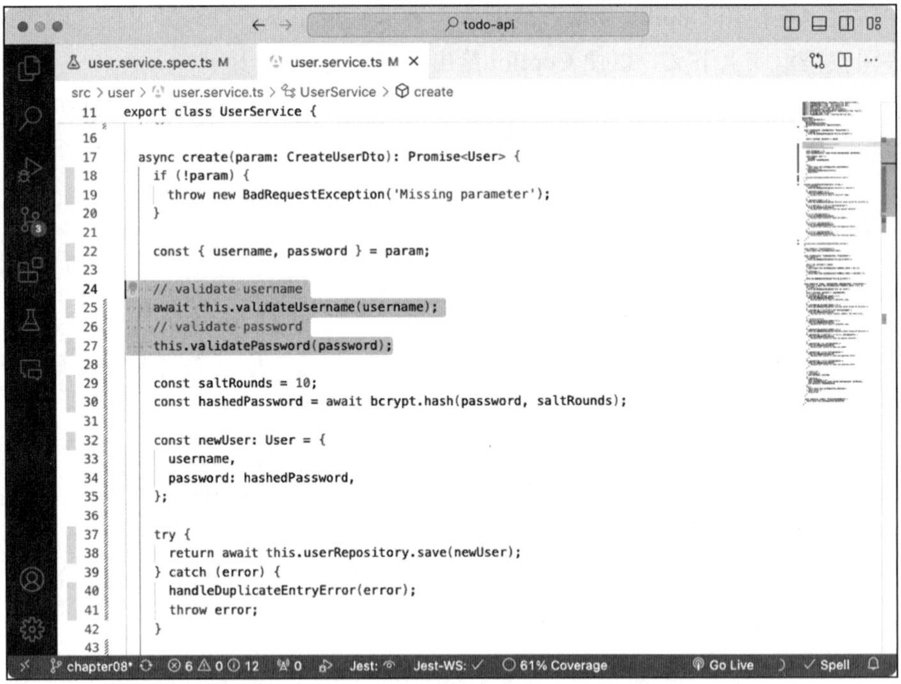

图 8.12　用户服务创建用户验证的重构结果

接下来，利用这个代码提取工具，继续重构 `create()` 方法。将参数验证、bcrypt 哈希密码和重复输入错误处理分别提取到单独的方法中。重构之后，`create()` 方法会更容易维护（见图 8.13）。

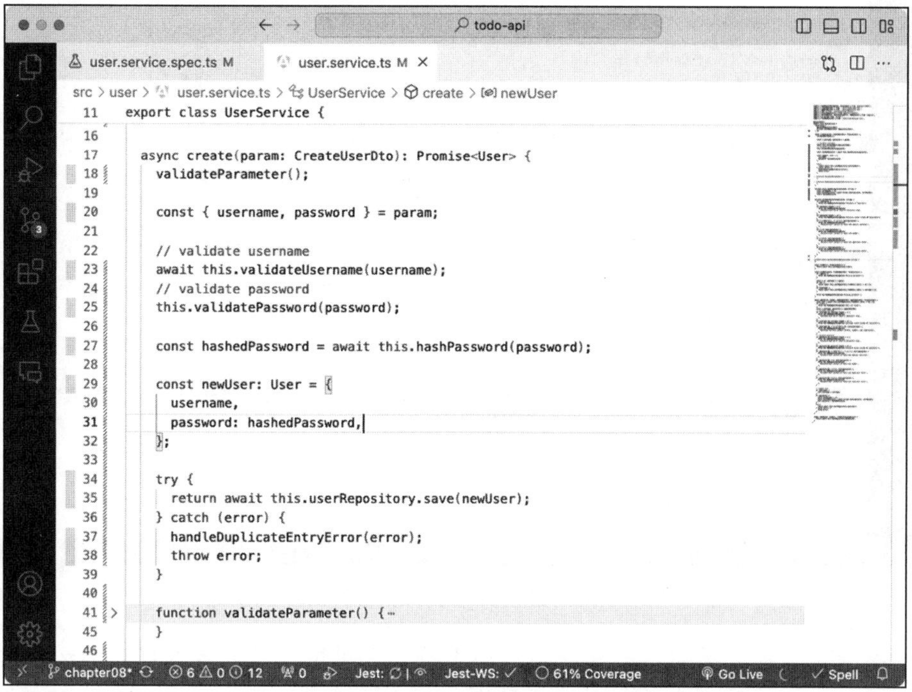

图 8.13　用户服务创建方法扩展的代码重构结果

虽然，在这个例子中运用了内置的重构工具提取代码到方法中，但 Copilot 还能协助我们进一步探索那些我们可能未曾想到或不了解的更多可能性。

接下来，让我们展开与 Copilot 的对话，了解在重构服务功能的验证代码时还需要考虑哪些其他因素。输入以下提示，会收到来自 Copilot 的详细回复，其中指出了可采取的一些其他步骤，以及针对当下的模型提供的量身定制的代码示例（见图 8.14）：

```
What refactors would you suggest for the validation code in my service?
Should I consider using a different approach? #file:user.service.ts
```

注： 在 Copilot Chat 中使用 `#file` 变量时，须从下拉菜单中选择文件。

使用中间件进行验证：可以通过中间件在请求数据到达服务方法之前对其进行验证。这样，只有当请求数据有效时，服务方法才会执行。

使用装饰器进行验证：在 NestJS 中，可以在 DTO 中使用 `class-validator` 包的装饰器，如 `@IsString()`、`@IsNotEmpty()`、`@Length()` 等。这些装饰器会自动对传入的请求数据进行验证。

图 8.14 Copilot Chat 针对验证代码额外重构的建议

将验证分离至不同的方法或类：如果不想采用中间件或装饰器，那么通过这个方法至少可将验证代码分离至不同的方法甚至不同的类。这样能使服务方法更简洁、更易读。

使用验证库：TypeScript/JavaScript 有许多可用的验证库，如 Joi、Yup 等。这些库提供声明式方法定义验证规则，让验证代码更简洁、更易于管理。

与 Copilot 协作进行重构策略规划并获取可行的结果是非常强大的功能。在这个示例中，还可以使用 Copilot 继续探索多种代码重构方案，并选择最符合需求的解决方法。

8.5 重构不当变量名

多年前，软件部署在存储容量极小的设备上。大型机运行的程序通过穿孔卡部署，穿孔卡上的每一行对应一行代码。存储受到了限制，因此，开发人员采用了缩短变量名等技巧来减少代码的体积。

在当今的编程环境中，这个限制不复存在，可用内存空间更大，无须为节省空间而缩短变量名。所以，我们应当充分利用这一优势，确保代码中的变量名易读且准确。

在以下示例中，有一个功能完善且已通过单元测试的方法，但其变量命名不当。我们将使用它来探讨 Copilot 如何协助重构这些不恰当的变量名。

首先，选择要重构的代码。在该例中，我们将使用 Copilot 内联对话功能来改进一些命名不当的变量。

输入下列提示（见图 8.15）：

```
/fix bad variable names
```

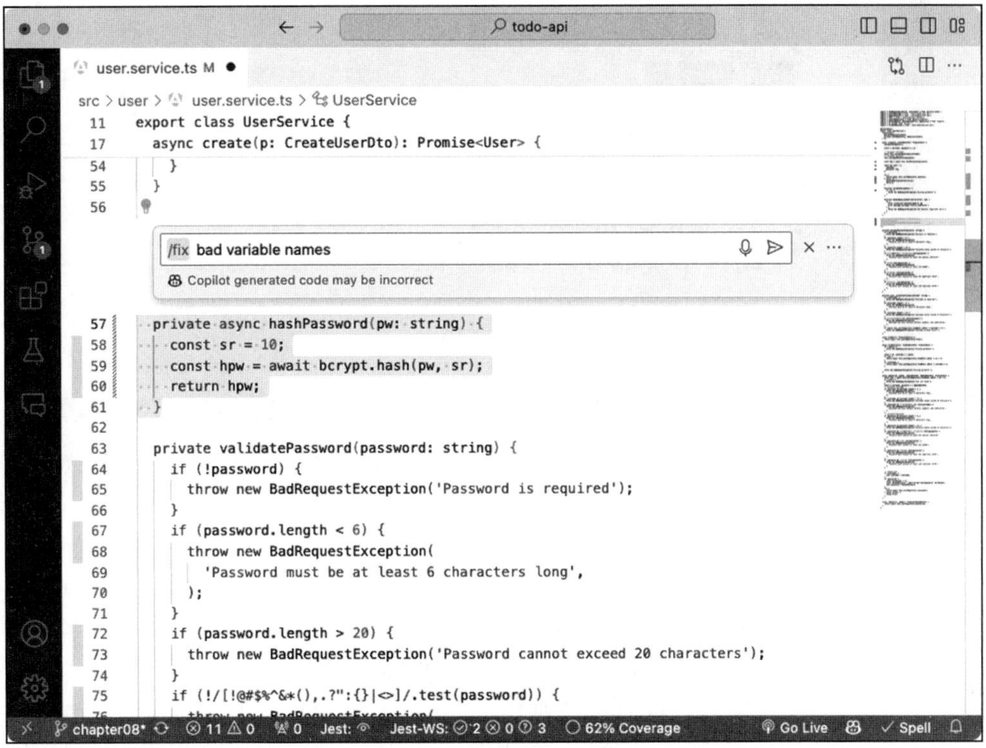

图 8.15　Copilot 内联对话重构不当变量名的提示

在向 Copilot 提交此请求后，我们将收到内联对话重构建议及其说明（见图 8.16）。

代码重命名重构可通过多种方式实现。对于变量重命名，Copilot 在单文件更新中表现最佳。在涉及外部依赖的代码修改时，建议使用 IDE 工具，因为它能确保重构过程中考虑外部文件引用并相应调整这些文件。

8.6　代码文档与注释

通过添加方法和类的描述等额外文档，可提升代码的可维护性和可访问性。这些文档能帮助我们快速了解代码的行为、输入和输出。

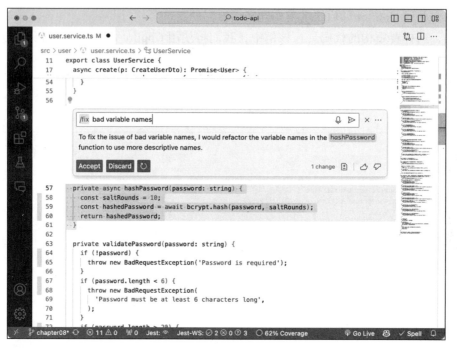

图 8.16　Copilot 内联对话重构不当变量名的结果

8.6.1　方法文档

首先，我们将了解 Copilot 如何协助为代码添加文档。打开 `user.service.ts` 文件，选中类中的所有代码行，然后激活 Copilot 内联对话。对话激活后，使用 `/doc` 命令向 Copilot 提供意图上下文，以便更精确地重构代码（见图 8.17）。

在向 Copilot 提交请求后，我们会收到 `UserService` 类所有方法的描述。这里看到有七处变更，我们可以循环浏览这些变更，并决定是否采纳这些建议的文档块（见图 8.18）。

可以看到，Copilot 的初步回应相当出色。但请务必仔细检查它提供的每项修改，确保与预期功能相符。

现在，我们可以充分利用这些已文档化的方法，更深入地理解它们的输入、输出及预期行为（见图 8.19）。

8.6.2　项目文档

项目文档至关重要，在为项目投入大量精力的同时，请务必做好整体项目的文档记录，让其他贡献者能够了解项目的结构和特性。

接下来，使用 Copilot Chat 为 `todo-api` 项目生成一个基础 `readme.md` 文件。打开 Copilot Chat 窗口，输入以下指令让 Copilot 为这个项目生成文档：

```
@workspace Please write a readme for my todo-api project.
```

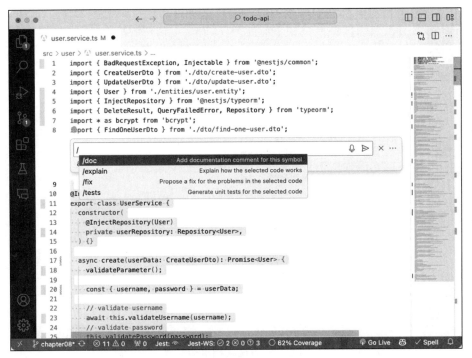

图 8.17　Copilot 内联对话为用户服务类添加文档

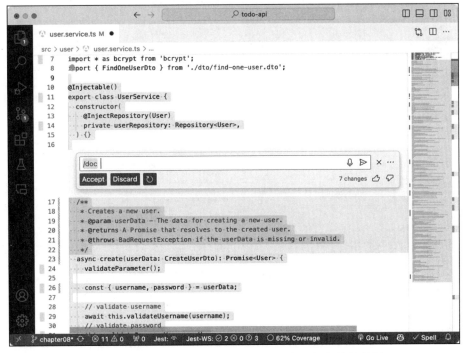

图 8.18　Copilot 内联对话为用户服务类添加文档的结果

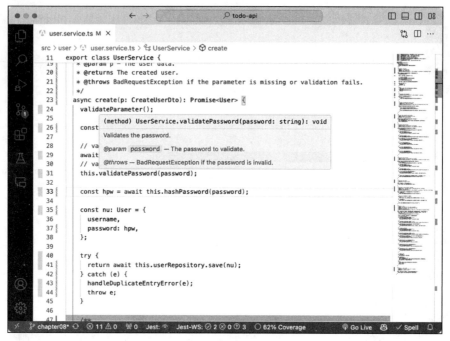

图 8.19　方法文档重构完成

提交请求后，Copilot 会为这个项目生成定制化的详细信息（见图 8.20）。

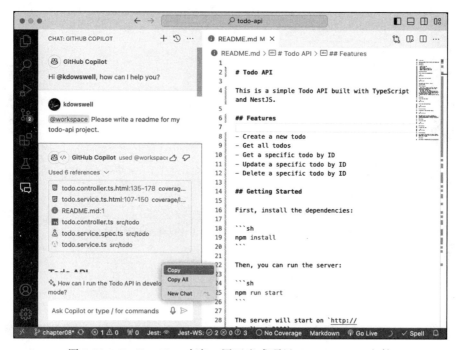

图 8.20　Copilot Chat 响应，用于生成项目 README.md 文件

可以看到，Copilot 利用了代码库中的六个文件，生成了一个内容丰富、描述详尽的 `README.md` 文件雏形。

根据测试，获取 Copilot 响应生成的 markdown（标记）的最佳方法如下：右键单击响应区域，选择 **Copy**。这样就能将 markdown 内容粘贴到项目的 `README.md` 文件中。

8.7 结语

本章概述了代码重构的发展历程、当下的工具与技巧，以及如何恰当地将 Copilot 融入代码重构流程中。

我们一起动手练习了一个项目重构的示例，这个示例展示了 Copilot 在创建测试套件方面的能力，让我们能更有把握地重构代码。

在添加了一些测试之后，我们还探讨了 Copilot 在多种重构任务中的协助能力，包括减少重复代码和撰写文档。通过这些示例，我们希望能够展示 Copilot 如何在重构代码时成为开发者的有力助手。

第 9 章
增强代码安全性

在本章中,我们将了解如何利用 GitHub Copilot 来增强代码的安全性。本章将概述代码安全的重要性、如何使用 Copilot 了解安全漏洞和最佳实践,以及如何在向用户发布代码前使用这些知识采取对应的修复措施。

- ❏ 代码安全详解
- ❏ 创建示例项目
- ❏ 探索代码安全
- ❏ 发现和修复安全隐患

9.1 代码安全详解

随着网络攻击日益频繁,代码中的安全漏洞可能造成巨大损失。无论开发的是托管客户数据的应用,还是为企业和政府提供支持关键业务的系统,我们都有责任确保软件方案不会危及所服务组织的安全与完整性。

开放式 Web 应用安全项目(Open Web Application Security Project,OWASP)组织等协助技术社区追踪和识别当今软件应用中的主要已知安全漏洞。其中,OWASP 自 2001 年成立以来,因其十大应用安全漏洞排行榜而闻名,大家可以访问以下网页了解详情:

```
https://owasp.org/Top10
```

要了解软件行业面临的主要安全威胁,可以先从 OWASP 的十大安全漏洞开始。然而,尽管 OWASP 这些信息可以帮助开发人员改进代码,但是仅仅靠这些是不够的,还需实施一套全面的安全防护套件以应对安全威胁。

注： Copilot 并非旨在取代传统静态应用安全测试（Static Application Security Testing，SAST）。建议将 Copilot 与静态和动态测试工具及流程配合使用，以确保应用程序得到充分的测试。

随着现代 Web 应用程序日益复杂以及安全威胁的不断上升，应用程序安全已成为软件开发生命周期（Software Development Life Cycle，SDLC）至关重要的一部分。安全开发运维（Development Security Operations，DevSecOps）的概念也在这样的背景下应运而生。传统的安全实践常常跟不上应用程序的发展步伐，导致安全漏洞在开发后期或应用程序部署后才被发现，而修复这些漏洞成本十分昂贵并会影响业务的运营。DevSecOps 通过将安全实践直接集成到 SDLC 的各环节中来解决这一问题。这种安全实践"左移"（shift left）的策略确保了安全在开发的每个阶段（从设计到部署和维护）都得到考虑。自动化测试、持续监控和主动威胁建模也都成为开发流程中不可或缺的环节，使团队能够在问题还容易管理的早期就发现并修复它们。

在这一章中，我们将介绍如何使用 Copilot 协助编写安全的代码。此外，我们还将详细介绍如何利用它了解那些特定于代码库的关于安全的最佳实践和漏洞。

9.2 创建示例项目

本章将延续前面示例中的 `todo-api` 项目。在这个例子中，我们将了解 Copilot 在帮助理解和缓解安全漏洞方面的应用。

如果想亲自动手实践这个编程示例，则可从以下网址下载代码，在第 9 章对应的文件夹中创建 `todo-api-ch09-starter` 起始项目的副本即可。

`https://www.wiley.com/go/programminggithubcopilot`

准备工作

要动手练习本例，需具备以下前提条件：

- **Visual Studio Code**：`https://code.visualstudio.com/download`
- **GitHub Copilot 扩展**：`https://marketplace.visualstudio.com/items?itemName=GitHub.copilot`
- **Node.js**：`https://nodejs.org/zh-cn/download`
- **NestJS**：`https://docs.nestjs.com/first-steps`
- **Jest 扩展**：`https://marketplace.visualstudio.com/items?itemName=Orta.vscode-jest`
- **ESLint**：`https://marketplace.visualstudio.com/items?itemName=dbaeumer.vscode-eslint`

从提供的链接下载 `todo-api-ch09-starter` 示例项目。在 VS Code 中打开项目根目录后，就能看到 `todo-api` 的源代码文件了。

接下来，打开集成终端。在项目根目录下运行以下命令：

```
npm install
```

安装完项目依赖包后，启动实时监控与自动编译模式：

```
npm run start:dev
```

接着，打开另一个集成终端，运行以下命令，准备工作就完成了：

```
npm run test:watch
```

9.3 探索代码安全

使用对话功能是开始使用 Copilot 解决代码安全问题的理想方式。现在，打开一个新的对话窗口，并提示 Copilot 提供一些保护 NestJS API 的最佳实践（见图 9.1）。

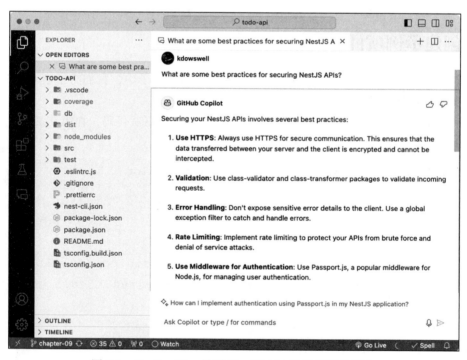

图 9.1 Copilot Chat 针对 NestJS API 最佳实践的回应

询问保护 NestJS API 的最佳实践的提示：

```
What are some best practices for securing NestJS APIs?
```

在对话窗口中，我们看到 Copilot 给出了一系列针对性的安全实践建议，可以以这些建议为起点进行应用程序的安全审查。下面列出了 Copilot 给出的最佳安全实践建议：

1. 使用 HTTPS：务必采用 HTTPS 确保通信安全，保证服务器与客户端间的数据传输经过加密，防止被截获。
2. 验证：使用 `class-validator` 和 `class-transformer` 包对传入请求进行验证。
3. 错误处理：勿向客户端暴露敏感错误细节，应采用全局异常过滤器来捕获和处理错误。
4. 速率限制：实施速率限制，防御暴力攻击和拒绝服务攻击。
5. 使用中间件实现身份验证：采用 Node.js 热门中间件 Passport.js 来处理用户身份验证。
6. 授权使用守卫：运用 NestJS Guards 管理用户角色与权限。
7. 使用 Helmet：Helmet 可通过适当设置 HTTP 头部，帮助应用防范常见的 Web 安全漏洞。
8. 使用 CSRF 保护：如果 NestJS 服务器提供 HTML 内容，则必须启用 CSRF 保护。可采用 csurf 中间件来实现这一功能。
9. 更新依赖项：定期更新项目依赖，及时获取最新安全补丁。
10. 利用环境变量存储敏感信息：切勿将敏感数据直接写入代码，而应使用环境变量。

接下来，让我们探讨如何与 Copilot 深入对话，以获得其中一些安全控制措施的具体可行建议。

9.3.1 使用 HTTPS

先就使用 HTTPS 向 Copilot 询问以下内容：

`How do I use HTTPS in a NestJS API?`

Copilot 将提供使用 HTTPS 的详细步骤，指导我们为测试目的生成一个证书并修改应用程序的 `main.ts` 文件（见图 9.2）。

9.3.2 实现验证

接下来，向 Copilot 询问以下内容以了解 Copilot 在验证方面的建议：

`How to do input validation in a NestJS API?`

Copilot 会给出另一份详细的回复，其中包含实施该安全控制的具体说明（见图 9.3）。

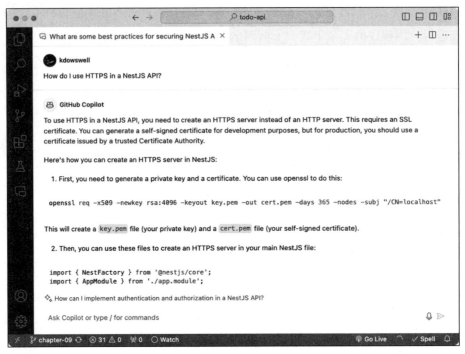

图 9.2　Copilot Chat 对如何在 NestJS API 中使用 HTTPS 的回应

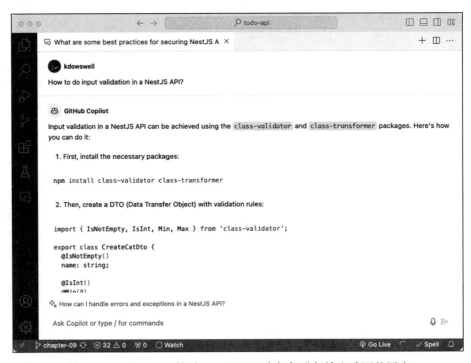

图 9.3　Copilot Chat 针对 NestJS API 中如何进行输入验证的回应

从图 9.3 中，可以看到 Copilot 给出了必要的包安装、DTO 对象修改、控制器类更新要求，以及实现全局管道验证器的说明。

9.3.3 总结

从这个例子可以看出，只需向 Copilot 提出一些基本的安全问题，就能应对现代 API 的复杂安全需求。如果对 Copilot 给出的建议有任何疑虑，请务必对其回应加以验证。

9.4 发现和修复安全隐患

获取洞见并在应用程序中实施新的安全措施固然重要，但同时也需要关注现有代码的安全隐患并进行安全修复。

打开 `user.service.ts` 文件，会看到该文件存在一些安全隐患，包括使用了弱密码（哈希）函数，以及 SQL 注入漏洞。

使用 Copilot Chat 对此文件进行安全审核。在此对话中，可以使用以下类似的提示语向 Copilot 表明我们希望了解该文件存在的安全问题：

```
What security issues are in this code? #file:user.service.ts
```

这个请求的结果会给出这个文件存在的安全漏洞，并指出代码存在以下问题：弱密码哈希、潜在 SQL 注入漏洞、错误处理泄露敏感数据、缺乏访问速率限制、密码未加盐以及密码验证机制需要增强（见图 9.4）。

现在我们已经了解了例子中需要处理的安全隐患，Copilot 可以在修复这些问题的过程中持续提供支持。

9.4.1 修复弱密码哈希

使用 Copilot Chat 时，高亮显示 `hashPassword()` 函数，然后向 Copilot 发送以下请求（见图 9.5）：

```
How do I fix the weak password hashing?
```

Copilot 将向我们提供增强哈希算法所需的建议包，并给出实施安全修复的具体步骤。
要进行所需的更改，需要执行以下 npm 命令安装 bcrypt 包：

```
npm install bcrypt
```

现在，无须在文件中来回调整导入语句，只需利用 Copilot 内联对话即可进行必要的代码调整。选中 `hashPassword()` 函数后，激活 Copilot 内联对话功能即可。

接着，可以使用 `/fix` 命令向 Copilot 发出请求，以解决哈希重构问题（见图 9.6）。

```
/fix the hash password function to use bcrypt
```

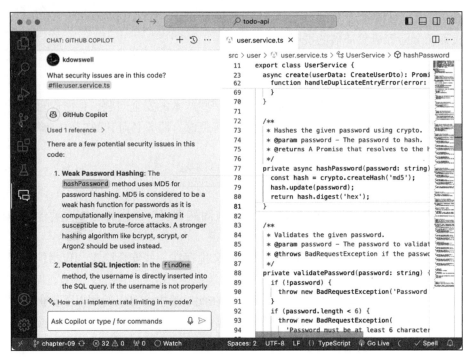

图 9.4 Copilot Chat 针对 user.service.ts 的安全问题的回应

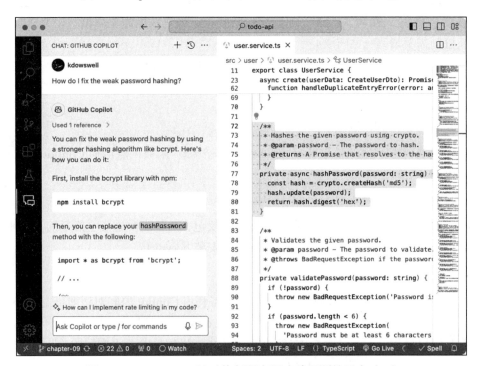

图 9.5 Copilot Chat 针对修复弱密码哈希问题的回应（一）

第 9 章 增强代码安全性

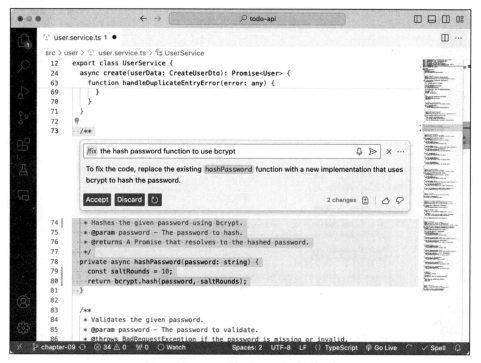

图 9.6　Copilot Chat 针对修复弱密码哈希问题的回应（二）

Copilot 处理完请求后，我们应该可以预览建议的重构及已应用的调整说明。在本例中，Copilot 给出了两处修改：一是对密码哈希函数的调整，二是添加 bcrypt 库的导入语句。

注： 当使用 Copilot 内联对话调整现有代码时，使用 `/fix` 命令将更适合在当前文件中进行多处修改。

9.4.2　修复 SQL 注入

在之前的对话中，Copilot 列举了几个需要审查的潜在安全隐患，其中第二项审查如下：

> 潜在的 SQL 注入风险：在 `findOne` 方法中，用户名直接插入 SQL 查询语句中。若未对用户名进行正确的清理，则可能引发 SQL 注入攻击。为安全起见，应使用参数化查询或 ORM 内置方法来规避此风险。

在这个响应中，可以看到 Copilot 发现了 `findOne` 方法存在潜在的 SQL 注入风险。查看 `user.service.ts` 文件中的相关代码，会发现有一个查询语句直接接受了未经处理的用户名（`username`）参数。

要修复这个问题，可以使用 Copilot 内联对话。在编辑器窗口中选中 `findOne` 方法内的 `username` 查询，激活内联对话功能。然后，按图 9.7 所示向 Copilot 提出请求。

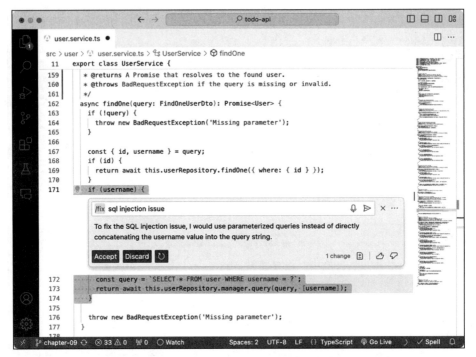

图 9.7　Copilot Chat 针对 SQL 注入修复方案的回应

Copilot 会建议将代码修改为使用参数化查询，而非直接拼接字符串。虽然有多种方案可以缓解这种情况，但采用查询化参数是最简单的代码改动方式。

9.5　结语

在本章中，Copilot 被证明可以成为软件开发生命周期中处理安全问题的强大助手。通过示例项目的实际应用，我们展示了 Copilot 不仅能够识别漏洞，还能指导实施有效的安全措施。希望本章的内容能够促进个人或组织将 Copilot 更深入地整合到日常安全实践中。

第 10 章 Chapter 10

加速 DevSecOps 实践

本章将介绍如何使用 Copilot 协助完成多项 DevSecOps 任务。DevSecOps 任务通常比较复杂，需要一定的学习和实施成本。但有了 Copilot 的帮助，我们将能够轻松创建必要的资源和操作，将应用程序从构想阶段顺利地推向生产环境。

- ❑ DevSecOps 详解
- ❑ 简化容器
- ❑ 自动化基础设施即代码
- ❑ 优化 CI/CD 流水线

10.1 DevSecOps 详解

DevSecOps 是开发、安全和运营的缩写，是一种软件工程文化和实践，旨在统一软件开发（Dev）、安全（Sec）和运营（Ops）三大环节。

要践行 DevSecOps，需在软件开发生命周期的每个阶段都纳入安全考量（见图 10.1）。

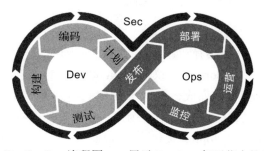

图 10.1 DevSecOps 流程图——展示 DevOps 各环节中的安全考量

如图 10.1 所示，除了开发任务之外，发布、部署、运营和监控任务对于成功交付软件也扮演着至关重要的角色。并且，在每个环节都融入了安全性的考量，它们共同发挥着关键作用。

DevSecOps 的要点列举如下：
- 左移安全：即尽早在应用程序开发生命周期中引入安全实践，这与传统做法大相径庭。传统做法中安全通常在开发周期结束的时候才会被考虑在内（即"在周期中向左移动"）。
- 协作：DevSecOps 提倡加强开发、安全和运营团队之间的沟通与合作。
- 自动化：DevSecOps 利用自动化和持续集成 / 持续部署（CI/CD）工具来最大限度地减少人为错误的风险，并在开发的各个阶段促进安全的集成。
- 持续安全：安全措施不仅在开发阶段实施，而是贯穿应用程序的整个生命周期，包括使用和维护阶段。
- 责任：在 DevSecOps 文化中，参与开发过程的每个人都需要对安全负责，而不仅仅是安全团队。

在 DevSecOps 的各个领域中，Copilot 都能发挥作用。无论是构建 CI/CD 流水线、安全漏洞扫描，还是进行生产监控，Copilot 都能为我们提供输入、解答问题，并协助创建资源，推动应用程序的快速发展。

10.2 简化容器

容器是一种轻量级、独立可执行的软件包，它包括运行某个软件所需的一切要素，包括代码、运行时、库、环境变量和配置文件。

在本节中，我们将了解 Copilot 如何协助编写容器配置文件，并为在容器中运行应用程序提供支持。

10.2.1 创建容器

我们将介绍 Copilot 如何协助创建运行 NestJS API 的容器。首先打开一个 Copilot Chat 窗口，然后输入提示请求帮助创建容器（见图 10.2）：

```
Help me create a production container for my NestJS API project.
```

在 Copilot 的回应中，我们会看到它给出的 Dockerfile 以及构建、运行镜像的步骤。

在生成的 Dockerfile 中，Copilot 建议使用 Node.js 版本 14。虽然 GitHub Copilot 基于海量公开可用代码的数据集训练而成，但它并不了解具体的库或版本信息。Copilot 的基础功能无法访问或检索训练数据之外的信息。因此，务必要确保版本号和语法与当前版本相匹配，并符合需求，也可以向 Copilot 提供当前标准或库版本的示例文件，从而获得更贴合需求的输出结果。

第 10 章　加速 DevSecOps 实践　◆　125

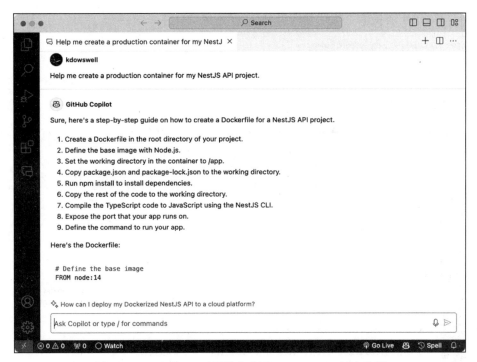

图 10.2　Copilot Chat 回答如何为 NestJS API 创建容器

以下是 Copilot 给出的 Docker 文件：

```
# Define the base image
FROM node:14

# Set the working directory
WORKDIR /app

# Copy package.json and package-lock.json
COPY package*.json ./

# Install dependencies
RUN npm install

# Copy the rest of your app's source code
COPY . .

# Compile TypeScript to JavaScript
RUN npm run build

# Expose the port your app runs on
EXPOSE 3000

# Define the command to run your app
CMD ["npm", "run", "start:prod"]
```

此外，Copilot 还提供了构建和运行 Docker 镜像的具体步骤：

```
docker build -t my-nestjs-app .
docker run -p 3000:3000 my-nestjs-app
```

10.2.2 部署容器

Copilot 针对 API 项目容器的初始问题给出了一个很好的提示。如果没有收到这个提示，还可以提交以下内容来了解如何将容器部署到云平台（见图 10.3）。

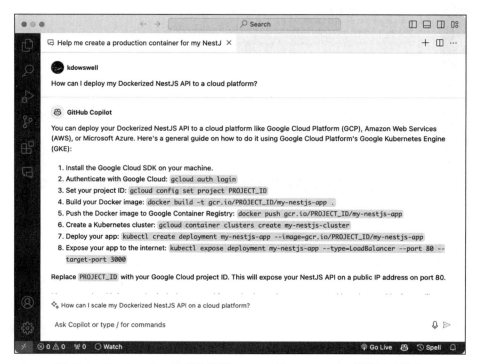

图 10.3　Copilot Chat 回答如何将 Docker 化 NestJS API 部署至云平台

说明选择的云平台，以获取针对性的详细指引。

然后，发送对 Copilot 的请求：

```
How can I deploy my Dockerized NestJS API to a cloud platform?
```

10.2.3 实施安全管控

在"Docker 化"的 NestJS API 中，稳定性是确保可重复和可扩展代码库的重要因素，但在完成 DevOps 职责的每个任务时，安全性也应当被重视。

我们继续与 Copilot 展开对话，以获取适用于镜像的安全控制措施建议，从而保护应用程序免受安全威胁（见图 10.4）。

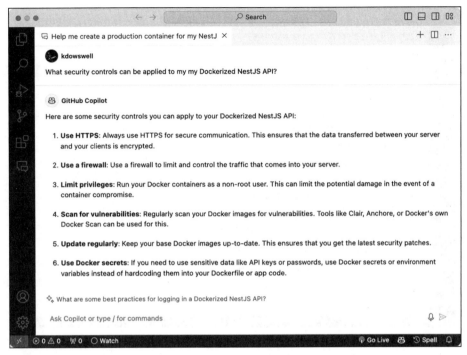

图 10.4 Copilot Chat 针对 Docker 化 NestJS API 可采用的安全控制措施的回应

以下是向 Copilot 提出的请求：

```
What security controls can be applied to my Dockerized NestJS API?
```

10.3 自动化基础设施即代码

与容器化的优势类似，基础设施即代码（Infrastructure as Code，IaC）也提供了透明性、一致性和自动化，能够有效管理运行应用程序所需的基础设施。

在现代 DevSecOps 流程中，为了应用程序成功地开发、测试、扫描、暂存和发布到生产环境，需要配置和维护多个环境。手动配置这些不同的环境将很快变得棘手，增加了缺陷和安全漏洞的潜在风险。

10.3.1 创建基础设施即代码

只需向 Copilot 提出一个基本请求，就可获得应用程序的详细框架和初始代码（见图 10.5）。我们的项目将以此为起点快速开始开发。

以下是向 Copilot 发出的请求：

```
Help me create a infrastructure as code for my NestJS API project.
```

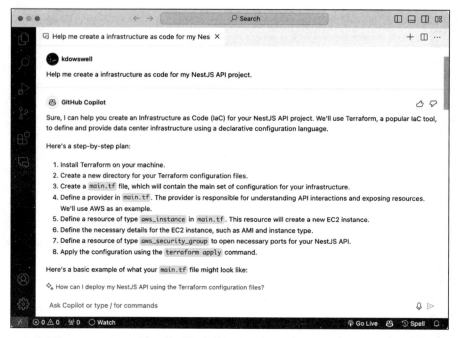

图 10.5　Copilot Chat 针对 NestJS API 项目的基础设施即代码的回应

Copilot 提供了一个详细的步骤计划，以使用 Terraform 创建基础设施即代码。此外，Copilot 还提供了一个 main.tf 文件的基本示例，用于为 NestJS API 配置所需资源（见图 10.6）。

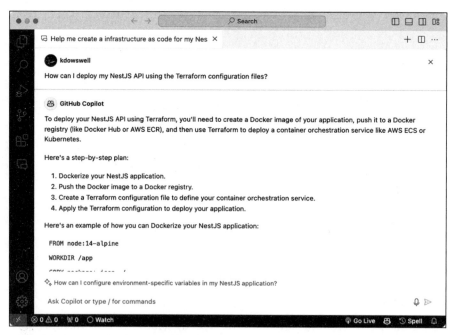

图 10.6　Copilot Chat 回答如何用 Terraform 配置文件部署 NestJS API

以下是生成的 Terraform 文件：

```
provider "aws" {
  region = "us-west-2"
}

resource "aws_instance" "nestjs_api" {
  ami           = "ami-0c94855ba95c574c8" # This is an example, replace with your AMI
  instance_type = "t2.micro"

  tags = {
    Name = "nestjs_api"
  }
}

resource "aws_security_group" "nestjs_sg" {
  name        = "nestjs_sg"
  description = "Allow inbound traffic"
  ingress {
    from_port   = 3000
    to_port     = 3000
    protocol    = "tcp"
    cidr_blocks = ["0.0.0.0/0"]
  }

  egress {
    from_port   = 0
    to_port     = 0
    protocol    = "-1"
    cidr_blocks = ["0.0.0.0/0"]
  }
}
```

10.3.2 使用 Terraform 部署代码

如前面所看到的，Copilot 可以协助制定云平台部署策略。现在 Copilot 已为我们的基础设施即代码提供了初始的准备，接下来让我们探讨如何使用 Terraform 部署代码（见图 10.6）。

以下是给 Copilot 的请求：

```
How can I deploy my NestJS API using the Terraform configuration files?
```

这份 Copilot 生成的结果包含了 Docker 镜像的创建、发布，以及编写 Terraform 配置实现容器编排的详细指令。

以下是生成的 Terraform 文件：

```
provider "aws" {
  region = "us-west-2"
}
```

```
resource "aws_ecs_cluster" "nestjs_cluster" {
  name = "nestjs-cluster"
}

resource "aws_ecs_task_definition" "nestjs_task" {
  family                   = "nestjs-task"
  network_mode             = "bridge"
  requires_compatibilities = ["EC2"]
  cpu                      = "256"
  memory                   = "512"

  container_definitions = <<DEFINITION
  [
    {
      "name": "nestjs-container",
      "image": "<your-dockerhub-username>/nestjs-api",
      "essential": true,
      "portMappings": [
        {
          "containerPort": 3000,
          "hostPort": 3000
        }
      ]
    }
  ]
  DEFINITION
}

resource "aws_ecs_service" "nestjs_service" {
  name            = "nestjs-service"
  cluster         = aws_ecs_cluster.nestjs_cluster.id
  task_definition = aws_ecs_task_definition.nestjs_task.arn
  desired_count   = 1
}
```

10.3.3　实施安全控制措施

现在，我们已经为使用 Terraform 的部署过程做好了准备，接下来该考虑在此过程中应用的安全控制措施了。同样地，Copilot 可以帮助列出潜在的安全关注点，并像其他部署任务一样，指导我们实施这些安全控制措施。

接下来，向 Copilot 请求该部署过程中可采用的安全控制措施（见图 10.7）。

以下是向 Copilot 发出的请求：

```
What security controls should be added for this deployment process?
```

Copilot 的建议能引导一些关键安全控制措施的落实，包括保护 AWS 凭证、最小权限原则、Docker 镜像安全等方面。

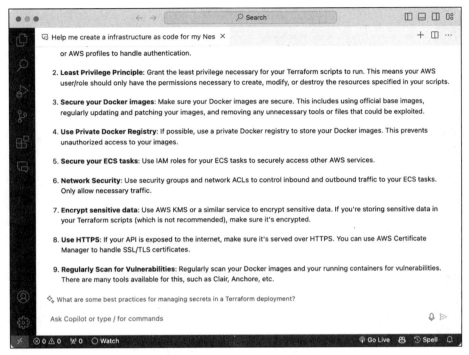

图 10.7 Copilot Chat 针对 Terraform 部署过程应增设的安全控制措施给出的建议

10.4 优化 CI/CD 流程

DevSecOps 流程的核心是自动化。持续集成（CI）和持续交付（CD）使软件能够通过可重复的操作进行验证和部署。

持续集成是一种软件开发实践，指开发人员定期将代码变更合并到中央代码库。通常，当代码变更或代码拉取请求（Pull Request）提交后，系统会自动对代码进行构建和测试，并检查其中的安全漏洞和代码质量。

持续交付则是将整个软件发布流程自动化的实践。借助持续交付，开发团队可以随时将应用程序部署到生产环境。持续交付能够通过自动触发器或发布门控将应用程序代码的更新版本发布到任何环境，从而确保对敏感环境的控制。

10.4.1 创建 CI 流水线

接下来我们将从源代码库的持续集成开始了解 Copilot 如何协助创建自动化任务，以确保对应用程序代码库作出贡献（见图 10.8）。

以下是向 Copilot 发出的请求：

```
Help me create a continuous integration pipeline for my NestJS API
project dev branch and pull request.
```

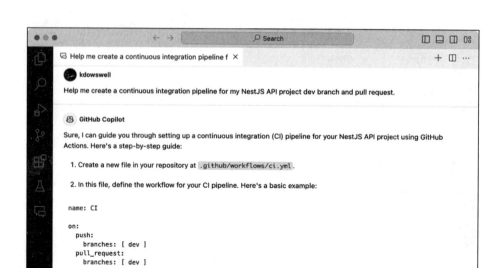

图10.8　Copilot Chat 对创建持续集成管道的回应

Copilot给出的这个结果为基于GitHub Actions的持续集成流水线奠定了良好的基础。它能够监听所选定的分支变更、构建应用程序，并运行应用程序中的任何测试。

以下是GitHub工作流 `.yml` 文件：

```yml
name: CI

on:
  push:
    branches: [ dev ]
  pull_request:
    branches: [ dev ]

jobs:
  build:
    runs-on: ubuntu-latest

    strategy:
      matrix:
        node-version: [12.x]

    steps:
    - uses: actions/checkout@v2
    - name: Use Node.js ${{ matrix.node-version }}
      uses: actions/setup-node@v2
```

```
      with:
        node-version: ${{ matrix.node-version }}
    - run: npm ci
    - run: npm run build --if-present
    - run: npm test
```

与 Copilot 前面的回应类似，这个 Node.js 版本并不符合当前 NestJS API 项目的需求。因此，请始终谨记审查 Copilot 提供的输出，确保其符合当前项目的实际需求。

10.4.2 增设安全扫描

这一节将探讨针对 DevOps 任务可以采取的安全措施。我们将展示 Copilot 如何利用之前请求的上下文，添加一个代码扫描作业（见图 10.9）。

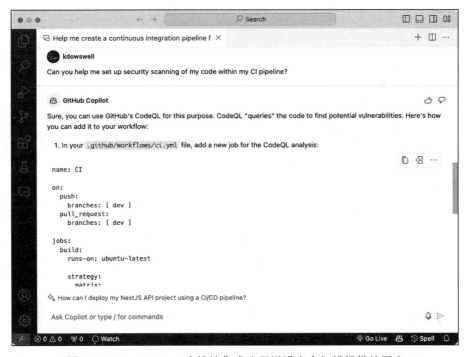

图 10.9　Copilot Chat 为持续集成流程增设安全扫描提供的回应

以下是向 Copilot 发出的请求：

```
Can you help me set up security scanning of my code within my CI
pipeline?
```

Copilot 向我们提出了一个很好的建议，包含如何使用 GitHub CodeQL 库。CodeQL 是一个语义代码分析引擎，它能让 `github/codeql-action/analyze` 对代码运行一系列查询，并报告发现的任何安全问题。CodeQL 是开源的，它报告的安全问题得到了安全专家社区的支持，并且这个社区持续扩展该库的能力，以适应逐年变化的安全环境。

需要注意的是，虽然 CodeQL 库的查询是开源的，但底层引擎并未获得商业使用的许可。在商业环境中使用 CodeQL 需采用 GitHub Advanced Security 进行安全审查。

以下是更新后的 GitHub 工作流 `.yml` 文件：

```yaml
name: CI

on:
  push:
    branches: [ dev ]
  pull_request:
    branches: [ dev ]

jobs:
  build:
    runs-on: ubuntu-latest

    strategy:
      matrix:
        node-version: [12.x]

    steps:
    - uses: actions/checkout@v2
    - name: Use Node.js ${{ matrix.node-version }}
      uses: actions/setup-node@v2
      with:
        node-version: ${{ matrix.node-version }}
    - run: npm ci
    - run: npm run build --if-present
    - run: npm test

  codeql:
    name: Run CodeQL
    runs-on: ubuntu-latest

    steps:
    - name: Checkout repository
      uses: actions/checkout@v2

    - name: Initialize CodeQL
      uses: github/codeql-action/init@v1
      with:
        languages: 'javascript'

    - name: Perform CodeQL Analysis
      uses: github/codeql-action/analyze@v1
```

10.4.3　创建 CD 流水线

现在已经建立了 CI GitHub Action，接下来需要将变更发布到各个环境中，以进行功能测试、渗透测试、预发布验证和生产交付。

在对话窗口中与 Copilot 开启新对话，并提出以下问题（见图 10.10）：

```
Help me create a continuous deployment GitHub Action for my NestJS API
project dev branch merges. Create a Docker image, store the image, tag
it, and release to a development AWS EC2 environment.
```

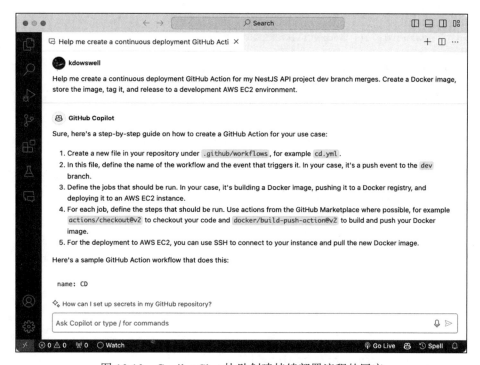

图 10.10　Copilot Chat 协助创建持续部署流程的回应

Copilot 在回应中详细列举了在 GitHub Action 中构建、发布和部署代码所需的全部关键步骤。

以下是持续部署工作流的 .yml 文件：

```
name: CD

on:
  push:
    branches:
      - dev

jobs:
  build:
    runs-on: ubuntu-latest

    steps:
    - name: Checkout code
```

```yaml
      uses: actions/checkout@v2

    - name: Set up Docker Buildx
      uses: docker/setup-buildx-action@v1

    - name: Login to DockerHub
      uses: docker/login-action@v1
      with:
        username: ${{ secrets.DOCKERHUB_USERNAME }}
        password: ${{ secrets.DOCKERHUB_TOKEN }}

    - name: Build and push
      uses: docker/build-push-action@v2
      with:
        context: .
        push: true
        tags: your-dockerhub-username/your-repo-name:latest

  deploy:
    needs: build
    runs-on: ubuntu-latest

    steps:
    - name: executing remote ssh commands to deploy
      uses: appleboy/ssh-action@master
      with:
        host: ${{ secrets.HOST }}
        username: ${{ secrets.USERNAME }}
        key: ${{ secrets.SSH_KEY }}
        script: |
          docker pull your-dockerhub-username/your-repo-name:latest
          docker stop api-container || true
          docker rm api-container || true
          docker run -d --name api-container -p 80:3000 your-dockerhub-username/your-repo-name:latest
```

这份持续部署工作流文件可以作为完善开发分支的 CI/CD 流程的起点。请始终记得仔细审查并测试 Copilot 生成的代码和脚本，确保它们符合需求和最佳实践。

10.5 结语

在本章中，我们了解了 Copilot 如何成为 DevSecOps 过程中的得力助手，让我们事半功倍、保持工作节奏。即便对于基础设施即代码和 DevOps 流水线中的安全扫描等复杂任务，Copilot 也能保驾护航，随时提供支持以帮助顺利完成相关的 DevSecOps 工作。

第 11 章
优化开发环境

在本章中，我们将了解 Copilot 如何在多种开发环境中提供帮助。无论是在终端执行命令，还是用 Visual Studio 构建企业级应用，Copilot 都能在优化开发环境上助我们一臂之力。
- 增强 Visual Studio
- 强化 Azure Data Studio
- 助力 JetBrains IntelliJ IDEA
- 增强 Neovim
- 在 GitHub 命令行界面中使用 Copilot

11.1 增强 Visual Studio

Visual Studio 是微软出品的集成开发环境，支持开发人员创建企业级的 Web、移动和云端软件解决方案。

Visual Studio 为开发者提供了海量项目模板和工具，助其在各类技术栈中迅速上手。

虽然 Visual Studio 支持多种技术，但与 .NET 搭配使用时才能发挥其最大优势。.NET 是一个开源跨平台框架，专注于构建现代应用和云服务。

11.1.1 准备工作

- GitHub Copilot 许可证：`https://github.com/features/copilot`
- Windows 操作系统：`https://www.microsoft.com/software-download/windows11`
- Visual Studio：`https://visualstudio.microsoft.com/downloads`

11.1.2　安装 GitHub Copilot 扩展

打开 Visual Studio 后，单击顶部工具栏的 Extensions 菜单，选择 Manage Extensions。在打开的窗口中搜索"GitHub Copilot"，即可看到 GitHub Copilot 和 GitHub Copilot Chat（见图 11.1）。

图 11.1　Visual Studio 的管理扩展窗口

对 GitHub Copilot 和 GitHub Copilot Chat 两个扩展，单击 Download。扩展窗口底部会提示更改已安排，并在关闭所有 Visual Studio 窗口后生效。请跟随提示关闭所有 Visual Studio 窗口。

关闭 Visual Studio 后，将弹出 VSIX 安装程序窗口（见图 11.2）。

安装完毕后，启动 Visual Studio。待 IDE 加载完成，单击界面右上角的 Accounts 菜单。若尚未添加，请通过 Add Another Account 选项关联一个有效的 GitHub 账户（见图 11.3）。

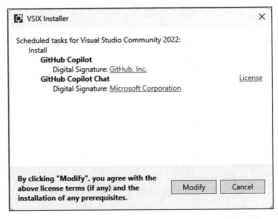

图 11.2　Visual Studio 的 GitHub Copilot 扩展安装程序窗口

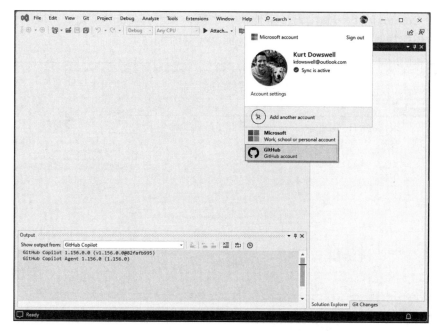

图 11.3　Visual Studio 添加 GitHub 账户菜单

在完成 GitHub 身份认证步骤后，就可以在 Visual Studio 中使用 GitHub Copilot 了。

11.1.3　探索代码补全

要探索代码补全功能，需要创建一个控制台应用程序。依次单击左上角的 **File** 菜单，选择 **New**，再选择 **Project** 菜单。在弹出的选项中创建控制台应用程序，将项目命名为 `PalindromeChecker`。单击 **Next**，最后选择 **Create** 初始化项目。

打开项目后 Copilot 已经被激活。然后，在 `Program.cs` 文件顶部添加以下注释：

`// .net console application that checks if a string is a palindrome`

当开始编写这条注释时，Copilot 会自动提示一些文本对它进行补全（见图 11.4）。

完成顶层注释后，再添加一行来指明有效示例，这有助于 Copilot 生成最佳结果。

`// valid examples: racecar, taco cat`

添加注释后，连按两次回车键以获取 Copilot 的新建议。在 Visual Studio 中，也可使用快捷键触发代码补全。如果需了解更多快捷键和环境配置的信息，请参阅以下网址的官方文档：

　　https://docs.github.com/copilot/configuring-github-copilot/configuring-github-copilot-in-your-environment?tool=visualstudio

Copilot 很可能会建议使用 `using System;` 语句。接受该行后，向文件中再添加两行代码，等待 Copilot 的下一个代码补全建议。之后，将看到 Copilot 尝试完成一个控制台程序代码，该程序接收用户输入并检查是否为回文（见图 11.5）。

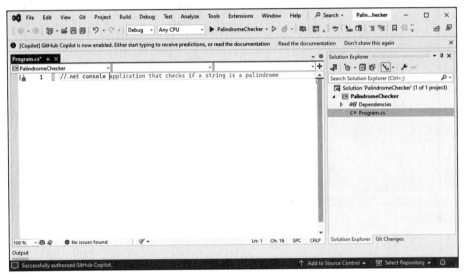

图 11.4　Copilot 对顶层注释的补全建议（一）

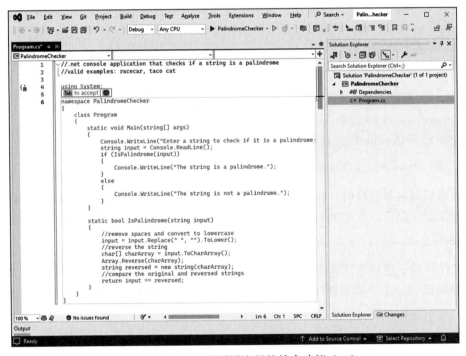

图 11.5　Copilot 对顶层注释的补全建议（二）

采纳 Copilot 的建议后，可以检查生成的代码并运行应用程序进行测试。

11.1.4　与 Copilot 对话

安装 GitHub Copilot Chat 扩展后，可通过 Copilot Chat 提升开发体验。访问对话窗口的方式有三种：1）通过左上角的视图菜单；2）使用键盘快捷键；3）在右上方工具栏的功能搜索工具中查找"Copilot Chat"。

打开对话视图后，向 Copilot 发送消息开始对话。Visual Studio 的 Copilot Chat 支持斜杠命令，以提供特定上下文协助 Copilot 给出更理想的结果。Visual Studio 还支持标签，指定 Copilot 回应时应考虑的文件（见图 11.6）。

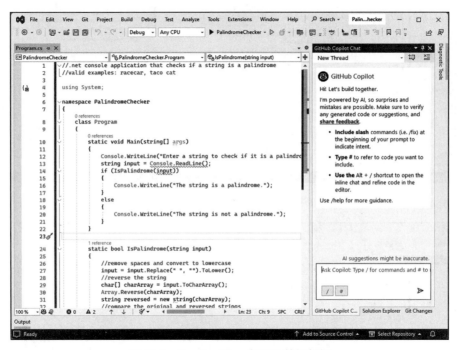

图 11.6　Copilot Chat 窗口及其问候语

Visual Studio 的 GitHub Copilot Chat 目前不支持 @workspace、@terminal 和 @vscode 等代理功能。尽管 @workspace 可以自动获取提示的相关上下文，但还可以通过在提示中使用多个带标签（使用 #file 标记）的文件来实现类似效果。这样做能让 Copilot 获得充足信息，从而在返回时考虑项目中的多个文件。

另外，虽然没有这些代理功能，可以直接在编辑器中与 Copilot 进行内联对话：在编辑器中单击右键以通过菜单触发内联对话。此外，首选方式是使用键盘快捷键（Alt+/）（见图 11.7）。

在这种情况下，可以通过选择 IsPalindrome 函数并激活内联对话来查看其实际效果。在选项中选择 /doc 命令，然后提交给 Copilot。我们将收到一个带有内联代码对比的回应，允许我们查看并决定是否接受对代码所做的变更（见图 11.8）。

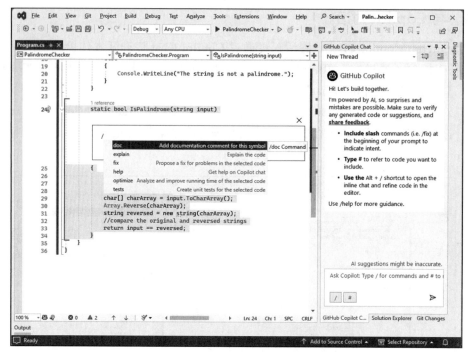

图 11.7　Copilot 内联对话窗口

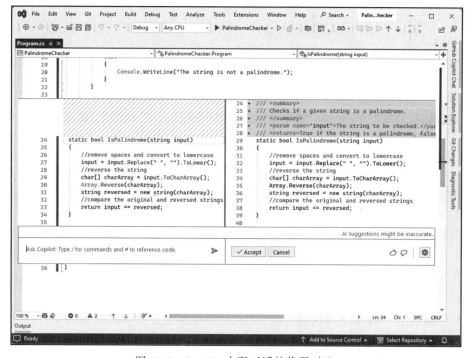

图 11.8　Copilot 内联对话的代码对比

11.2 强化 Azure Data Studio

Azure Data Studio 是一款跨平台数据库工具，专为使用 SQL Server 和 Azure 数据库的专业人士打造。它同时支持本地和云端环境。

目前，GitHub Copilot 在 Azure Data Studio 中仅支持查询补全。不过，它仍能极大地提高生产力。这一点将在接下来的简短示例中展示。

11.2.1 准备工作

- GitHub Copilot 许可证：`https://github.com/features/copilot`
- Azure Data Studio：`https://azure.microsoft.com/products/data-studio`

11.2.2 安装 GitHub Copilot 扩展

打开已安装的 Azure Data Studio，找到操作栏上"方块"图标表示的扩展面板。按照下列步骤操作：

1. 打开扩展面板。
2. 搜索 GitHub Copilot。
3. 在 GitHub Copilot 扩展结果页面，单击 Install（见图 11.9）。

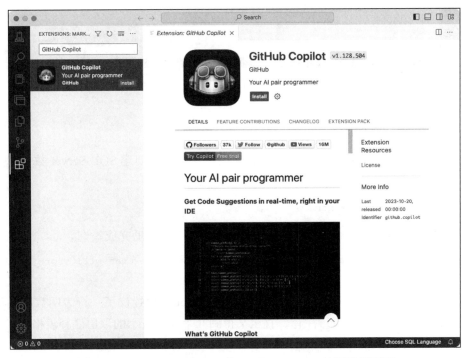

图 11.9　Azure Data Studio 的 GitHub Copilot 扩展结果页面

安装 Copilot 扩展成功后，VS Code 右下角会弹出提示登录 GitHub。请单击该提示完成登录。若未见提示，可通过 VS Code 左下角的账户菜单查看登录状态。

按照 GitHub 的登录说明完成操作后，请确保通过右下角的 Copilot 图标全局启用 GitHub Copilot（见图 11.10）。

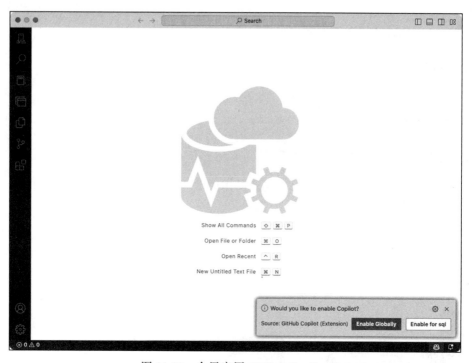

图 11.10　全局启用 GitHub Copilot

11.2.3　创建数据库模式

让我们从一个空白文件着手，首先添加顶层注释，阐明创建 SQL Server 数据库架构的意图。

```
-- SQL Server Database Schema
```

在该行之后，再添加一行，为 Copilot 提供更多指令以协助完成查询。

```
-- Create a database schema for a SQL Server database that will store
   the following data:
```

添加此行后，继续添加新注释。在示例中，Copilot 很快提议了一行表明数据库将存储客户信息的注释。持续创建新行注释，直至又得到几个如下所示的顶层注释表格：

```
-- SQL Server Database Schema
-- Create a database schema for a SQL Server database that will store
```

```
the following data:
-- 1. A table to store information about customers. Each customer has a
unique ID, a name, and an email address.
-- 2. A table to store information about products. Each product has a
unique ID, a name, and a price.
-- 3. A table to store information about orders. Each order has a unique
ID, a customer ID (from the customers table), a product ID (from the
products table), and a quantity.
```

添加了这个注释后,向下空两行,然后引导 Copilot 开始创建数据库架构(如果它尚未自动开始的话)。

```
-- Create the customers table
```

在此注释后添加新行,等待生成 CREATE 语句。重复此操作至文件底部,最终创建 customers、products 和 orders 三个表(见图 11.11)。

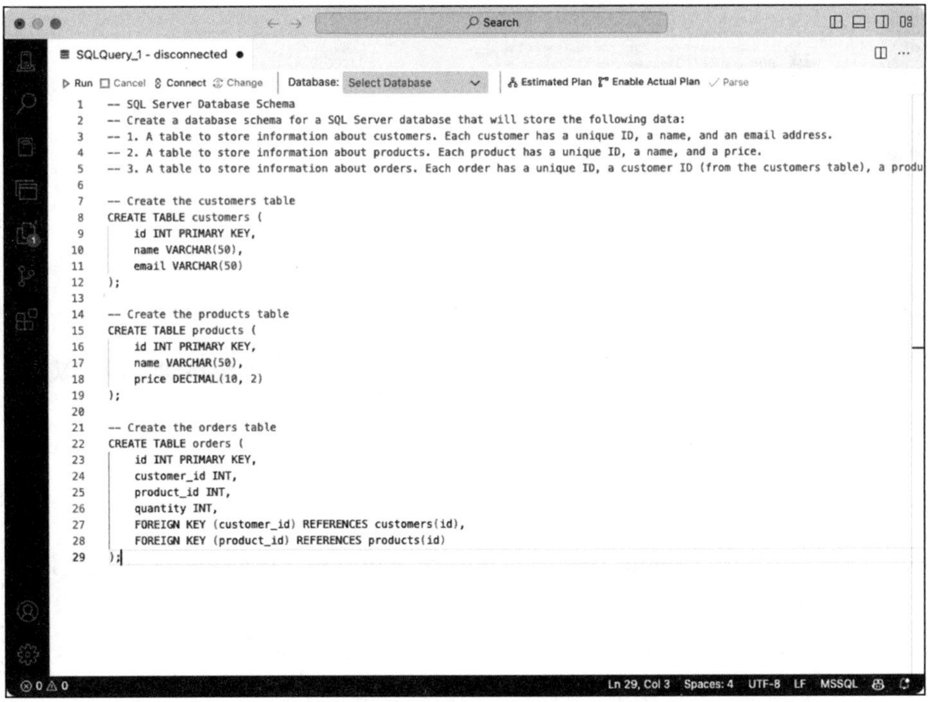

图 11.11 SQL Server 数据库架构

11.2.4 插入测试数据

延续上述示例,我们来看看 Copilot 如何为之前定义的新架构生成测试数据。在最后一个表格后添加以 Insert 开头的注释,Copilot 就会自动介入并协助完成后续工作。

```
-- Insert some sample data into the customers table
```

Copilot 可以协助编写测试数据，但同时也会要求我们提供电子邮箱，以避免生成可能存在的真实邮箱地址。

在完成两条客户数据记录、结束语句并换行后，Copilot 将协助插入新的测试数据。为剩余的产品和订单表添加示例数据（见图 11.12）。

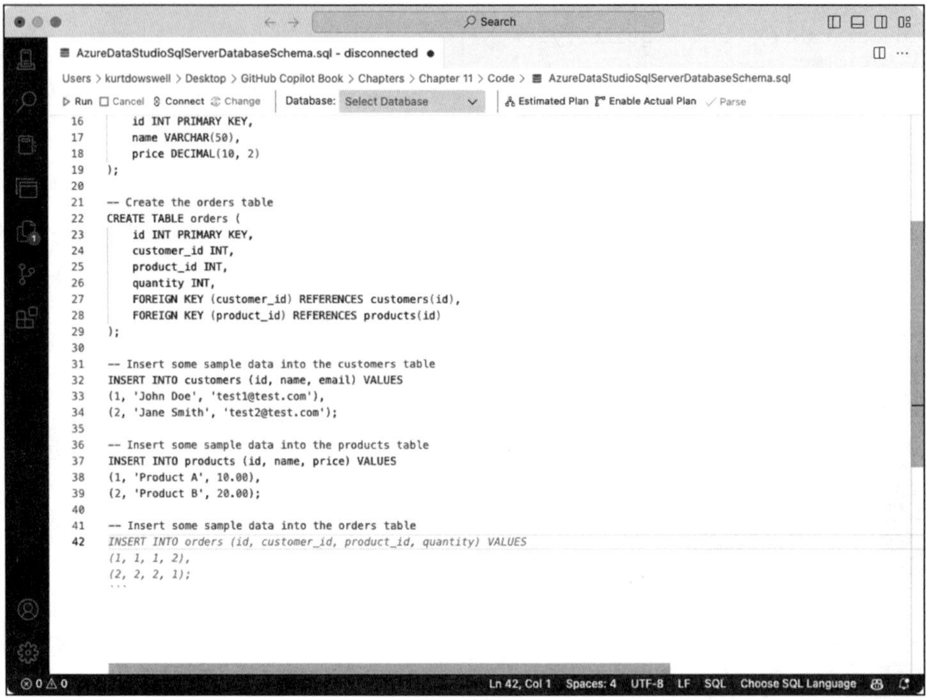

图 11.12　Copilot 协助生成测试数据

11.2.5　进行查询

接下来，我们将看到 Copilot 如何通过在刚建立并填充数据的表格上生成查询语句，来提升数据库管理效率。

在测试数据插入后另起新行，并添加以查询语句开头的注释，格式如下所示：

```
-- Query the orders table to get the total price of each order
```

注释完成后，Copilot 会再次介入，协助完成所需的 SQL 查询（见图 11.13）。

GitHub Copilot 在 Azure Data Studio 的这个示例凸显了其卓越的能力，展示了它如何协助创建数据库模式、生成测试数据和编写复杂查询。

为 Copilot 提供高质量的上下文是获得理想回应的关键。在其他的集成开发环境中，我们同样可以完成类似的任务。通过使用文件标签等方法引用数据库架构文件，我们可以在独立文件中创建查询，并允许 Copilot 通过这些文件引用对代码库架构进行访问。

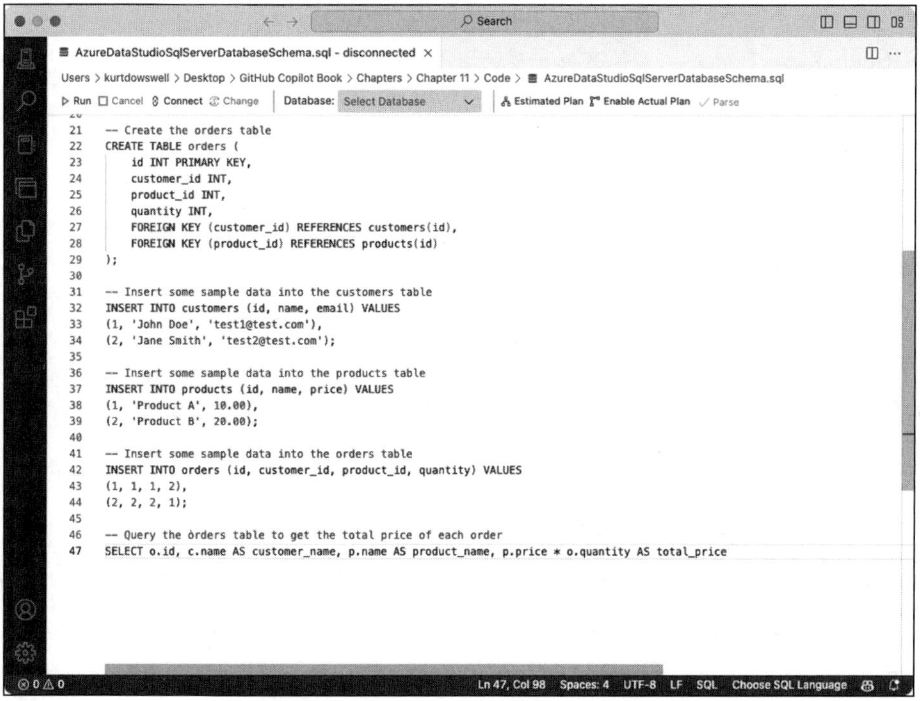

图 11.13　Copilot 协助查询创建

11.3　助力 JetBrains IntelliJ IDEA

JetBrains 公司的 IntelliJ IDEA 是一款支持多种编程语言开发的集成开发环境，尤其专注于对 Java 和 Kotlin 这两门编程语言的支持。

除 IntelliJ IDEA IDE 外，JetBrains 还提供其他多款可集成 GitHub Copilot 的 IDE，包括：
- Android Studio
- AppCode
- Aqua
- CLion
- Code With Me Guest
- DataGrip
- DataSpell
- GoLand
- JetBrains Client
- MPS
- PhpStorm

- PyCharm
- Rider
- RubyMine
- RustRover
- WebStorm

为了展示 GitHub Copilot 在 JetBrains IDE 中的应用，本节将以 IntelliJ IDEA 为例介绍如何充分利用 GitHub Copilot。

11.3.1 准备工作

- GitHub Copilot 许可证：`https://github.com/features/copilot`
- JetBrains IntelliJ IDEA：`https://www.jetbrains.com/idea/download`

11.3.2 安装 GitHub Copilot 扩展

打开安装好的 IntelliJ IDEA。在欢迎界面上，打开 **Plugins** 菜单，搜索"GitHub Copilot"。选中搜索结果，单击 **Install**（见图 11.14）。

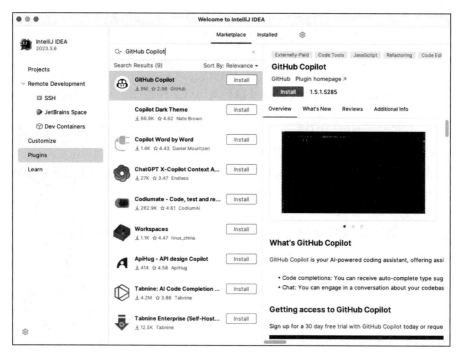

图 11.14　IntelliJ IDEA 插件搜索结果页面显示 GitHub Copilot

安装 GitHub Copilot 后，系统将提示重启 IDE。重启完成后，在欢迎页面上单击 **New Project**。

让我们通过创建一个 `PalindromeChecker` 的 Java 项目来展示 Copilot 在 IntelliJ IDEA 中的运用（见图 11.15）。

图 11.15　IntelliJ IDEA 新建项目窗口

创建项目后，右下角会出现 GitHub 登录提示。若未出现弹窗，可通过左侧菜单访问 GitHub Copilot 窗口的欢迎界面进行登录（见图 11.16）。

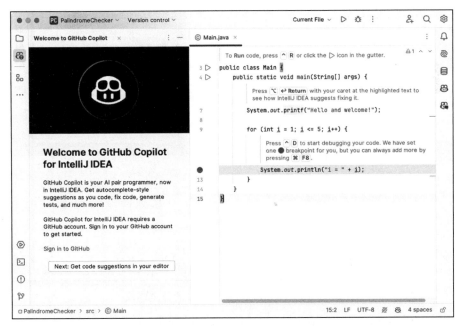

图 11.16　IntelliJ IDEA 中 GitHub Copilot 的欢迎界面

通过该窗口或右下角的 Copilot 图标，按提示步骤登录相应的 GitHub 账户。

11.3.3 探索代码补全

登录 GitHub 账户后，我们就可以开始使用 Copilot 了。先从一个顶层注释入手，类似之前在 Visual Studio 中的操作。通过这个顶层注释，我们将了解如何引导 Copilot 生成所需的程序。

首先，清空 PalindromeChecker 项目中 `Main.java` 文件的所有内容。随后，在文件顶部添加以下注释：

```
// Java console application that checks if a string is a palindrome
```

完成顶层注释后，再添加一行列举有效的示例，帮助 Copilot 生成最佳结果。

```
// valid examples: racecar, taco cat
```

添加注释后，输入两个空行以获取 Copilot 的新建议。Copilot 很可能会提示导入以下语句：`import java.util.Scanner;`。接受该行建议后，再添加两个空行并等待 Copilot 的代码补全建议，我们将看到 Copilot 尝试完成一个接收用户输入并检查是否为回文的控制台程序（见图 11.17）。

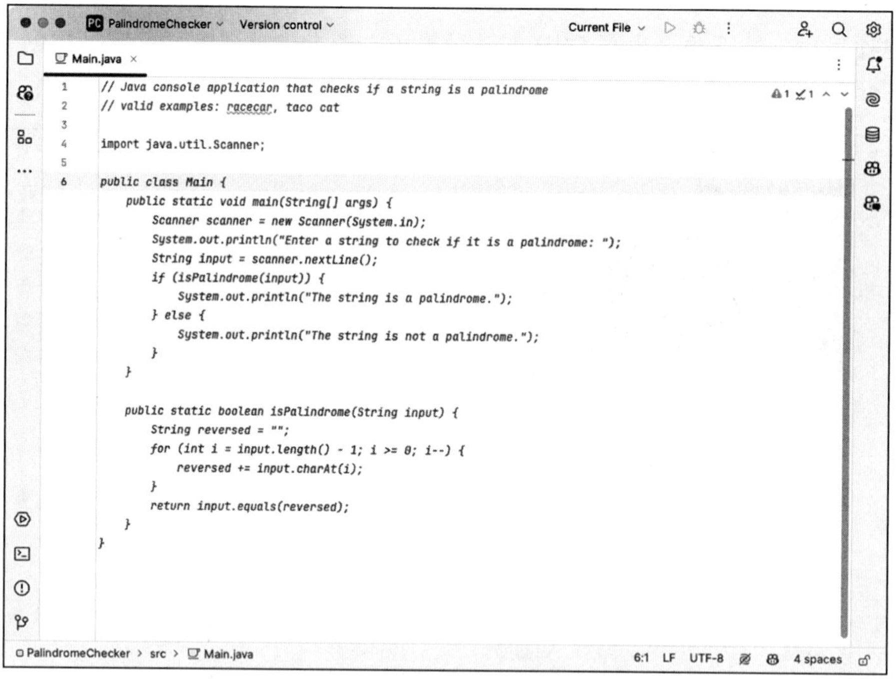

图 11.17　Copilot 对顶层注释的补全建议

接受 Copilot 的建议后，检查生成的代码并运行应用进行测试。

在本节的例子中，生成的 isPalindrome 函数并未像 C# 示例那样去除空格和转换为小写。要解决这个问题，需要在循环前给 isPalindrome 函数添加以下注释：

```
// remove spaces and convert to lowercase
```

添加注释后，另起新行并等待 Copilot 给出代码建议。接受建议后，运行程序以验证有效示例是否返回正确的结果（见图 11.18）。

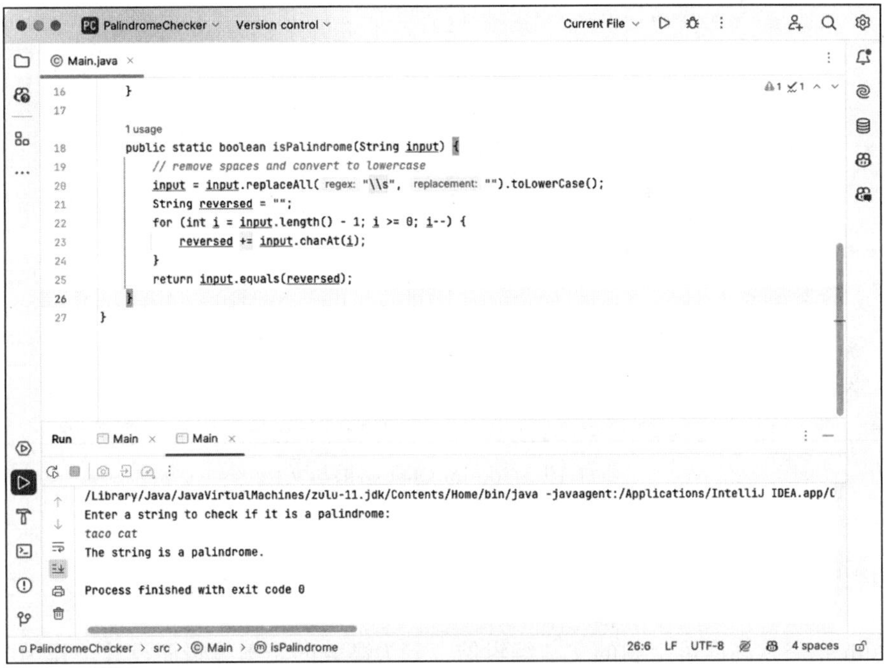

图 11.18　使用新代码编程测试结果

11.3.4　与 Copilot 对话

在 IntelliJ IDEA 中，Copilot Chat 随 Copilot 扩展自动安装。我们可以通过 IDE 右侧的 GitHub Copilot Chat 菜单项来访问 Copilot Chat。

接下来，我们将了解 Copilot 如何帮助编写函数文档。选中 isPalindrome 函数，在 Copilot Chat 窗口中输入 /doc 命令并发送，即可获取 Copilot 的文档协助。

发送文档请求给 Copilot 后，对话窗口中会出现一个函数，其方法签名和每行代码都附带详细注释（见图 11.19）。

在对话结果中，单击 Copilot 生成的代码块右上角的 Insert Code Block At Cursor 按钮。这将把更新后、带有完整文档的 isPalindrome 函数直接插入编辑器中。

目前，IntelliJ IDEA 尚未支持内联对话功能。不过，正如我们所看到的，在窗口界面中使用 Copilot Chat 并将结果转到编辑器中轻而易举。

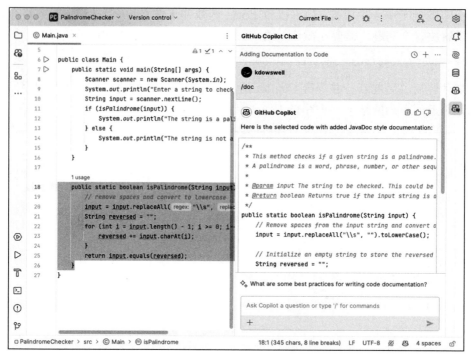

图 11.19　Copilot Chat 结果与文档

11.4　增强 Neovim

Neovim 是一款高度可定制的文本编辑器，专为高效的文本编辑而设计。作为 Vim 的扩展，Neovim 增添了众多新特性，尤其适合软件开发中的源代码编辑工作。

GitHub Copilot 支持 Vim 和 Neovim，本例将重点展示 Neovim 的功能。在后续的安装部分，我们将提供这两种编辑器的 Copilot 安装命令。

11.4.1　准备工作

- GitHub Copilot 许可证：https://github.com/features/copilot
- Neovim：https://neovim.io
- Node.js：https://nodejs.org/en/download

11.4.2　安装 GitHub Copilot 扩展

安装 Neovim 或 Vim 后，根据当前的操作系统和编辑器运行以下命令来安装 GitHub Copilot 扩展[1]。

- Linux 或 macOS 上的 Neovim：

```
git clone https://github.com/github/copilot.vim.git \
    ~/.config/nvim/pack/github/start/copilot.vim
```

- Linux 或 macOS 上的 Vim：

```
git clone https://github.com/github/copilot.vim.git \
    ~/.vim/pack/github/start/copilot.vim
```

- 通过 PowerShell 在 Windows 上使用 Neovim：

```
git clone https://github.com/github/copilot.vim.git `
    $HOME/AppData/Local/nvim/pack/github/start/copilot.vim
```

- 通过 PowerShell 在 Windows 上使用 Vim：

```
git clone https://github.com/github/copilot.vim.git `
    $HOME/vimfiles/pack/github/start/copilot.vim
```

启动 Neovim，输入 `nvim` 命令，随后执行以下指令：

```
:Copilot setup
```

登录 GitHub 账户后，即可启用 Copilot。请运行以下命令：

```
:Copilot enable
```

11.4.3 探索代码自动补全

安装完成后，我们将学习 GitHub Copilot 如何在 Neovim 中协助编写 Node.js 脚本。先用 `:q` 命令退出 Neovim。然后在终端里新建一个 `dad-jokes.js` 文件。其中，Mac 用户可以执行以下命令：

```
touch dad-jokes.js
```

Windows 用户则可以采用以下方式：

```
echo. > dad-jokes.js
```

用 Neovim 打开 `dad-jokes.js` 文件，输入以下命令：

```
nvim dad-jokes.js
```

打开文件后，按照安装步骤启用 Copilot，然后为文件添加顶层注释。按 i 键进入插入模式，开始输入以下内容：

```
// Node.js script that fetches a random dad joke from the
icanhazdadjoke API
```

到这里，我们会发现 Copilot 根据文件名的语境，已自动补全了注释的结尾（见图 11.20）。按 Tab 键即可接受此建议。

图 11.20　Copilot 在 Neovim 中完成注释补全

添加另一条注释，告知 Copilot 使用 https 模块：

// Use the https module to make a request to the API

在添加第二条注释后，空两行。此时会出现一个包含 https 变量声明的代码建议。接受该建议，再空两行。Copilot 随后会提示一个用于获取 dad joke（冷笑话）的注释或函数（见图 11.21）。

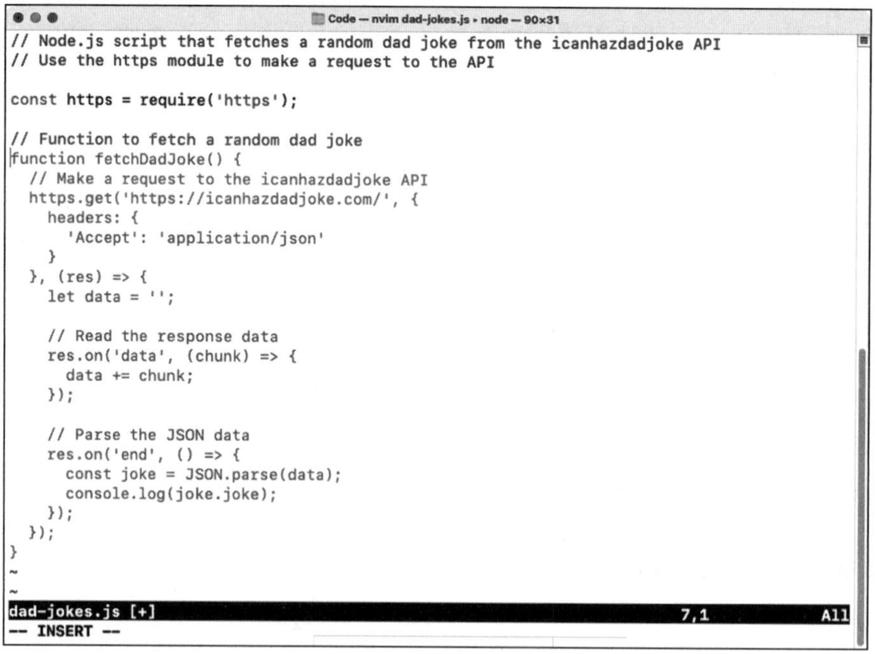

图 11.21　Copilot 自动补全 fetchDadJoke() 函数

接受 `fetchDadJoke()` 函数后，空两行，然后调用该函数。完成后，文件应如图 11.22 所示。

```
// Node.js script that fetches a random dad joke from the icanhazdadjoke API
// Use the https module to make a request to the API

const https = require('https');

// Function to fetch a random dad joke
function fetchDadJoke() {
  // Make a request to the icanhazdadjoke API
  https.get('https://icanhazdadjoke.com/', {
    headers: {
      'Accept': 'application/json'
    }
  }, (res) => {
    let data = '';

    // Read the response data
    res.on('data', (chunk) => {
      data += chunk;
    });

    // Parse the JSON data
    res.on('end', () => {
      const joke = JSON.parse(data);
      console.log(joke.joke);
    });
  });
}

fetchDadJoke();
```

图 11.22　Copilot 补全 `fetchDadJoke()` 函数

完成导出后，按 Esc 键退出编辑模式。然后使用 :wq 命令保存并退出文件。
回到终端后，运行下述命令测试函数（见图 11.23）：

```
node dad-jokes.js
```

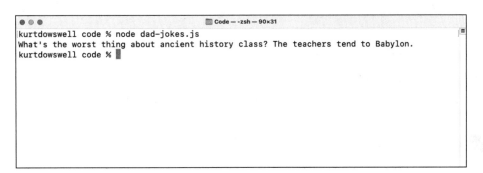

图 11.23　Node.js 调用冷笑话

现在可以畅享 Copilot 协助生成的所有冷笑话！这个示例展示了 Copilot 在 Neovim/Vim 环境中的实用性。

如需更详尽的说明，请访问以下网页查阅 Copilot Vim 插件的 DOC 文档：

https://github.com/github/copilot.vim/blob/release/doc/copilot.txt

11.5 在 GitHub 命令行界面中使用 Copilot

Copilot 也能为我们在 IDE 之外执行命令提供支持。借助 GitHub CLI 中的 Copilot 功能，无论在终端中进行何种命令或操作，都能随时使用 Copilot。

本节将展示在终端中启用和操作 Copilot 的简便方法。

11.5.1 准备工作

- GitHub Copilot 许可证：https://github.com/features/copilot
- GitHub CLI：https://cli.github.com

11.5.2 安装 GitHub Copilot 扩展

安装好 GitHub CLI 后，用 `gh auth login` 命令进行身份验证。按提示完成登录流程，之后就可以为 GitHub CLI 安装 Copilot 了。

安装 Copilot，运行以下命令：

`gh extension install github/gh-copilot`

若要升级 Copilot 扩展，则运行以下 `upgrade` 命令：

`gh extension upgrade gh-copilot`

运行以下命令确认 Copilot 的安装或更新是否成功（见图 11.24）：

`gh copilot`

11.5.3 获取 Copilot 代码提示

在开始前，可以用以下命令从 Copilot 获取建议：

`gh copilot suggest`

注： 首次运行 `gh copilot suggest` 功能时，系统可能会请求我们授权 GitHub 收集使用数据，以优化产品。收集的数据不包含查询内容。

Copilot 将提供多个选项，可以根据这些选项获得通用 `shell` 命令、`gh` 命令或 `git` 命令的协助（见图 11.25）。

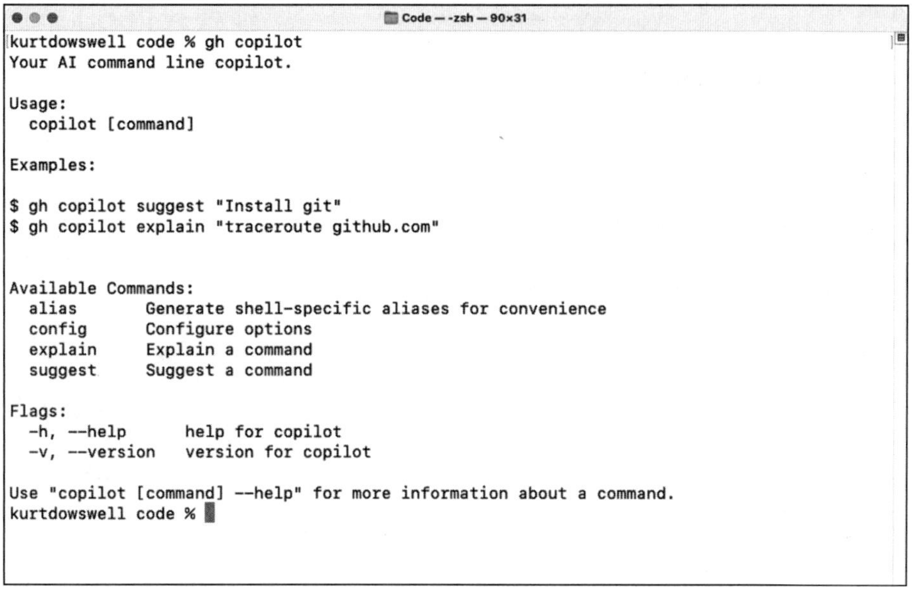
Code — -zsh — 90×31
kurtdowswell code % gh copilot
Your AI command line copilot.
Usage:
copilot [command]
Examples:
$ gh copilot suggest "Install git"
$ gh copilot explain "traceroute github.com"
Available Commands:
alias Generate shell-specific aliases for convenience
config Configure options
explain Explain a command
suggest Suggest a command
Flags:
-h, --help help for copilot
-v, --version version for copilot
Use "copilot [command] --help" for more information about a command.
kurtdowswell code %

图 11.24　GitHub 命令行界面中的 Copilot

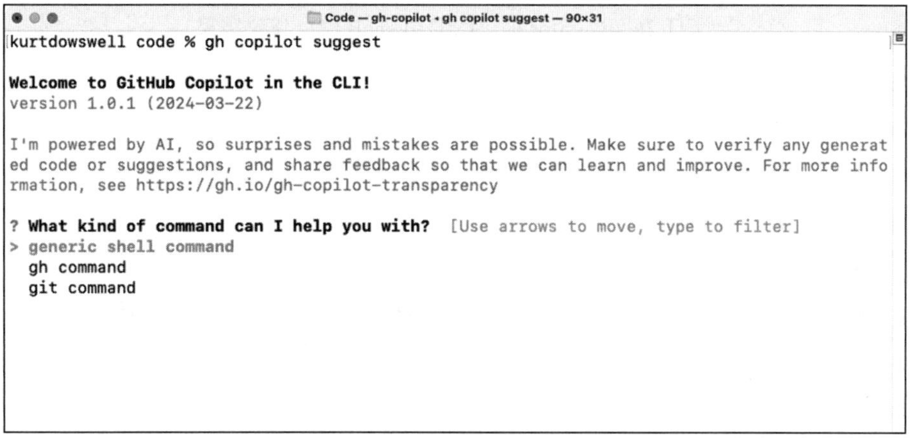
Code — gh-copilot · gh copilot suggest — 90×31
kurtdowswell code % gh copilot suggest
Welcome to GitHub Copilot in the CLI!
version 1.0.1 (2024-03-22)
I'm powered by AI, so surprises and mistakes are possible. Make sure to verify any generat
ed code or suggestions, and share feedback so that we can learn and improve. For more info
rmation, see https://gh.io/gh-copilot-transparency
? What kind of command can I help you with? [Use arrows to move, type to filter]
> generic shell command
gh command
git command

图 11.25　Copilot 推荐命令的执行结果

在此示例中，我们将了解 Copilot 如何协助查找含有特定字符串的文件（见图 11.26）。

对此结果，我们可以进行多项操作：复制、解释、执行、修改、评分或退出。

图 11.27 展示了先解释命令再执行的结果。从中可见，Copilot 对命令做出了详细解释。此外，当试图直接在 Copilot CLI 中运行该命令时，因未设置 `ghcs` 别名而出现了问题。本节末尾将说明如何进行相关配置。

我们也可以从一开始就向 Copilot 的 `suggest` 功能提供需要帮助的具体命令，例如：

```
gh copilot suggest "Task that you want to run"
```

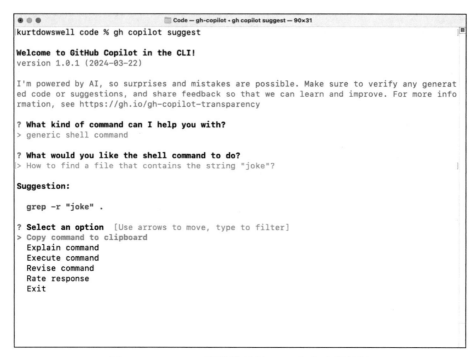

图 11.26　Copilot 提供的通用 shell 命令建议结果

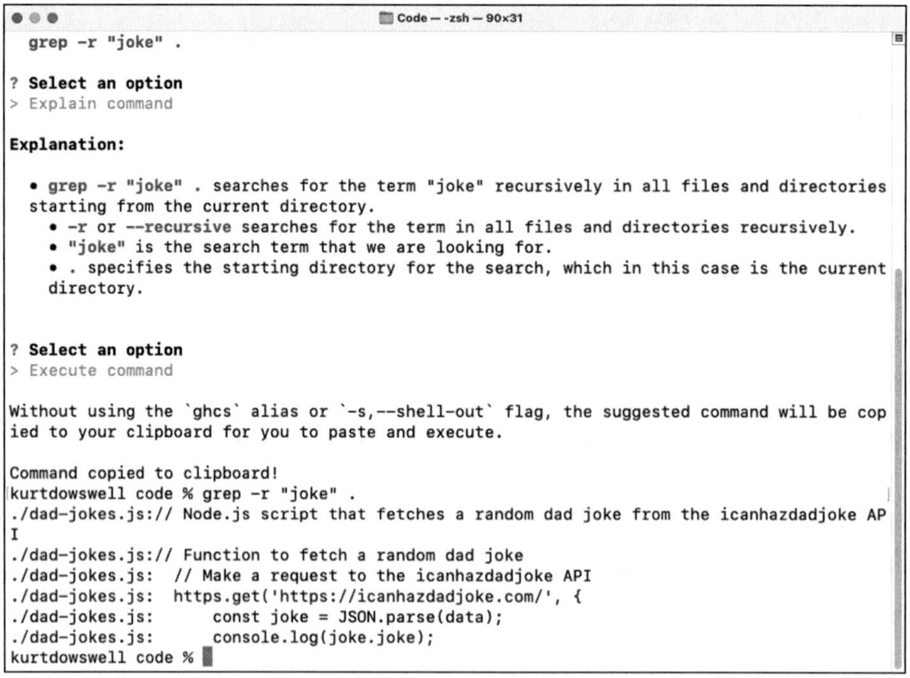

图 11.27　Copilot 解释并执行通用 shell 命令

11.5.4　使用 Copilot 解释命令

可以使用 Copilot 的 explain 功能深入了解某个特定命令。

```
gh copilot explain
```

它将启动一个类似 suggest 功能的体验，但仅聚焦于提供命令的解释，而非直接从结果中运行命令（见图 11.28）。

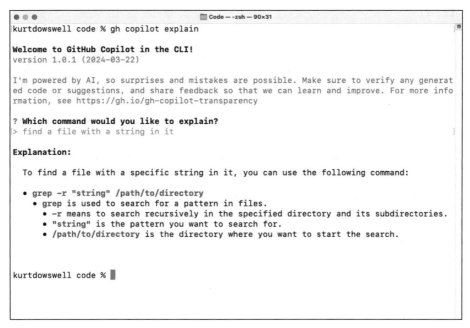

图 11.28　Copilot 解释命令的结果

11.5.5　为 Copilot 设置别名

为方便与 Copilot 互动，可以在 CLI 为其设置别名。根据所用 shell 类型，执行以下命令之一即可实现[2]。

1. Bash

```
echo 'eval "$(gh copilot alias -- bash)"' >> ~/.bashrc
```

2. PowerShell

```
$GH_COPILOT_PROFILE = Join-Path -Path $(Split-Path -Path $PROFILE
-Parent) -ChildPath "gh-copilot.ps1"
gh copilot alias -- pwsh | Out-File ( New-Item -Path $GH_COPILOT_PROFILE
-Force )
echo ". $GH_COPILOT_PROFILE" >> $PROFILE
```

3. Zsh

```
echo 'eval "$(gh copilot alias -- zsh)"' >> ~/.zshrc
```

更新配置文件后，关闭并重新打开 shell。之后就可以使用 `ghcs` 和 `ghce` 这两个别名进行后续操作了。

11.6 结语

总的来说，我们希望你在本章中全面了解了 GitHub Copilot 在开发环境中的作用。GitHub 团队正在不断创新，将 Copilot 拓展到更多领域，为用户提供更全面的支持。

11.7 参考文献

[1] GitHub, "GitHub Copilot for Vim and Neovim" 2024. [Online]. Available: https://github.com/github/copilot.vim.

[2] GitHub, "Using GitHub Copilot in the CLI" 2024. [Online]. Available: https://docs.github.com/en/copilot/github-copilot-in-the-cli/using-github-copilot-in-the-cli.

第 12 章 通用转换

在本章中，我们将探讨 GitHub Copilot 在软件开发中进行通用转换的强大用途。Copilot 可以帮助转换编程语言、框架、库、数据库以及 CI/CD 流水线。

有了 Copilot 的协助，我们可以以惊人的速度在不同技术间自如切换。这种快速精准地运用所需技术的能力，无疑是一项颠覆性的突破。

让我们直接看一些示例，以了解当需要这些转换时，Copilot 如何极大地增强我们的开发流程。

- 将自然语言转换为编程语言
- JavaScript 组件转换
- CSS 样式简化
- 非类型语言增强类型支持
- 框架与库之间的转换
- 面向对象语言的转换
- 数据库迁移
- CI/CD 平台迁移
- 遗留系统现代化

12.1 将自然语言转换为编程语言

Copilot 能理解大量自然语言和编程语言，只需用自然语言描述需求，它就能协助创建软件解决方案。

接下来将介绍 Copilot 如何运用 Gherkin 语法，根据英文描述的需求来创建函数（见图 12.1）。

图 12.1　英语转 JavaScript

以下是顶层注释：

```
/**
Feature: Two Sum
  As a user
  I want to find two numbers in an array that add up to a specific target number
  So that I can solve my problem

  Scenario: Find two numbers that add up to the target
    Given an array of integers
    And a target integer
    When I pass the array and target to the twoSum function
    Then it should return the indices of the two numbers that add up to the target
  **/
```

如上所示，Copilot 在简化软件开发过程中提供了显著的优势，它能够将功能需求直接转换为代码和相应的测试用例。通过将规格说明书直接转换为可执行代码，Copilot 极大地加快了开发速度，最大限度地减少了开发人员所需的初始编码工作量。此外，这一特性还推动了测试驱动开发方法，使开发人员能够自动生成符合需求的测试用例。而这种自动化确保了新代码可以得到即时验证，提升整体代码质量，降低缺陷出现的可能性。

将这个执行过程逆转来看，/explain 命令是一个很好的例子，它展示了 Copilot 如何将代码转换回自然语言。如图 12.2 所示，在使用 `/explain` 命令后，Copilot 会用通俗易懂的语言逐步详解刚刚创建的函数。

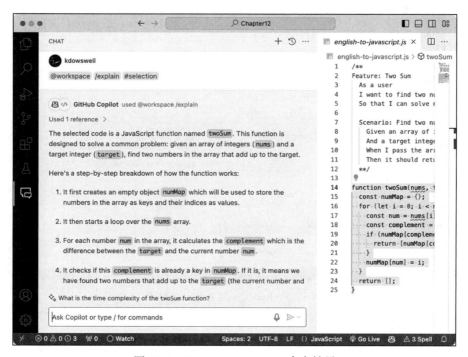

图 12.2　Copilot `/explain` 命令结果

Copilot 以自然语言解释代码的能力是探索陌生代码库并建立信心的宝贵特性。除了初始解释外，我们还可以继续与 Copilot 对话，深入了解特定技术、语法等细节。

12.2　JavaScript 组件转换

在 JavaScript 领域，前端框架数不胜数。下面这个示例将展示 Copilot 如何出色地协助将组件从一个框架转换为另一个框架。

假设我们需要创建一个适用于所有主流前端框架的设计系统。如果没有 Copilot，那么将每个组件替换到其他框架的繁重工作需要很长时间才能完成。而有了 Copilot，这一过程将大为不同。接下来，我们将了解如何使用 Copilot 将一个 React.js 按钮组件转换成 Angular 版本（见图 12.3）。

如果想动手实践这个编程示例，则可以在以下网址下载代码，在第 12 章文件夹中找到 `ReactButton.js` 组件的起始版本。

https://www.wiley.com/go/programminggithubcopilot

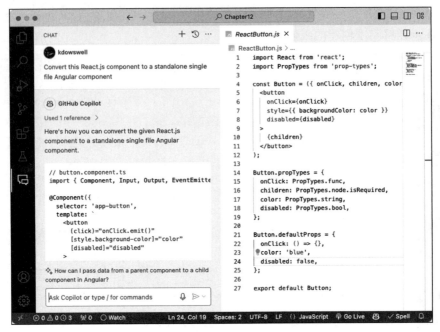

图 12.3　React.js 与 Angular 对比

以下是对 Copilot 的请求：

`Convert this React.js component to a single file Angular component.`

可以看到，Copilot 创建的 Angular 按钮组件遵循了相应的文件命名规范和最佳实践的文件结构，并正确应用了缩进。图 12.4 展示了生成的 Angular 按钮组件。

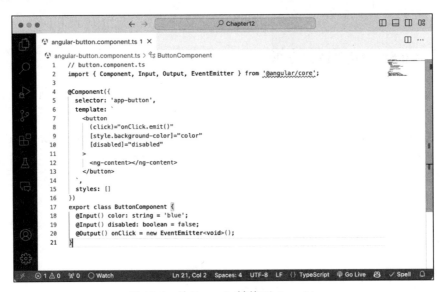

图 12.4　从 React.js 转换至 Angular

这种方法可扩展至任何需要转换的组件类型，并适用于 Vue.js、Svelte、Ember.js 等各种主流前端框架。

12.3　CSS 样式简化

CSS（Cascading Style Sheet，层叠样式表）是网页应用的核心要素。它使开发者能够定义 HTML 文档的视觉呈现和排版样式。

Copilot 可以协助编写 CSS，加快设计速度，还可协助在不同 CSS 格式间转换。对不擅长前端技术的程序员而言，样式表调整常令人感到困扰。而 Copilot 则可以全程相助，简化 CSS 工作流程。

CSS 框架间的转换

前端设计中有多个优秀的框架可以作为我们设计的起点。像 Bootstrap、Tailwind CSS、Foundation、Sematic UI 和 Material UI 等框架各有其独特的命名规范和类，且功能也多有重叠。因此，当需要从一个框架转向另一个时，虽然可行，但由于类名遍布代码库，工作量往往很大。

本节将展示如何将纯 CSS 转换为框架，以及如何在不同框架间进行转换。先来看一个创建个人资料页面的 HTML 示例（见图 12.5）。

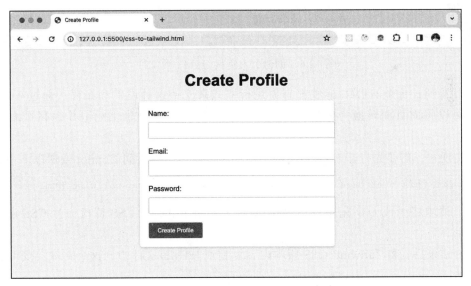

图 12.5　使用 CSS 创建个人资料页面

如果想跟着这个编码示例实践，则可以在以下网址下载代码。在第 12 章文件夹中找到 `css-to-tailwind-starter.html` 文件作为起始模板。

https://www.wiley.com/go/programminggithubcopilot

这个界面包含 Name、Email、Password 和 Create Profile 按钮。表单输入元素位于居中的表单标签内，上方有一个标题。所有样式目前都使用内联 CSS 实现（见图 12.6）。

图 12.6　创建个人资料 HTML 源文件

可以看到，每个 HTML 标签都有大量行样式来支持这种设计和布局。通过 Copilot 的帮助，可以将此页面转换为使用 Tailwind CSS 等框架，从而简化标记并提高页面的可维护性。

要实现它，需要先打开 HTML 文件并启动对话窗口，然后向 Copilot 发送以下请求：

```
Convert this html page to use Tailwind CSS #file:css-to-tailwind.html
```

这个请求将生成一个完整的 HTML 页面，采用 Tailwind CSS 替代原生 CSS 属性（见图 12.7）。

获得结果后，将 Tailwind CSS 版本内容复制到 HTML 文件中，这个文件会变得更加精简和整洁。

随后在浏览器中打开这个 HTML 文件，即可查看更新后的界面效果（见图 12.8）。

除源文件改进外，输入框、按钮、内边距和颜色样式也都得到了细微优化。这得益于 Tailwind CSS 等框架优秀的默认设置，它们能让界面在初始状态下就呈现出美观效果。

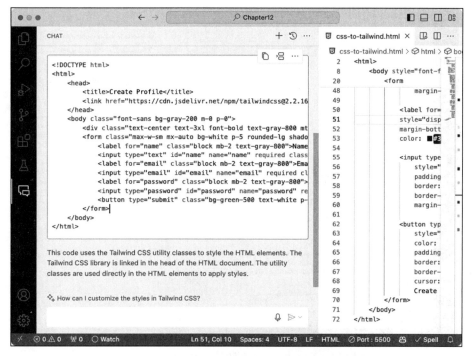

图 12.7　Copilot 将页面转换为 Tailwind CSS 的回应

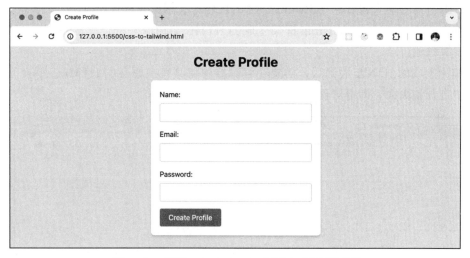

图 12.8　使用 Tailwind CSS 创建个人资料页面

现在，进一步探索 Copilot 在转换其他 UI 框架方面的能力。例如，以下将 HTML 转换为使用 Bootstrap 的例子。打开 HTML 文件后，向 Copilot 发送另一个请求，生成使用 Bootstrap 的 HTML 页面（见图 12.9）：

```
Convert this html page to use Bootstrap
```

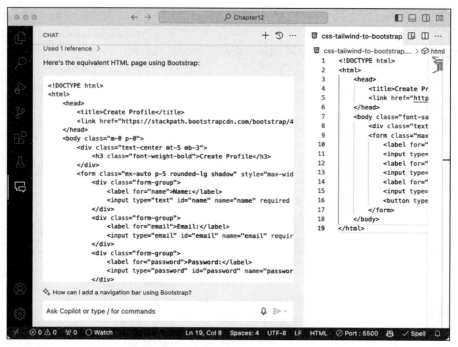

图 12.9　Copilot 将页面转换为 Bootstrap 的回应

由于编辑器中能直接看到 Tailwind CSS 的代码行,因此无须使用 `#file` 标签来提供完整的文件上下文。另外,Bootstrap 框架生成的 HTML 结构恰好符合其 CSS 类属性的要求,能正常发挥作用。

检查完生成的 HTML 代码后,需要在编辑器中将其替换原有的 HTML。替换完成后在浏览器中打开该页面,即可对比两者的差异(见图 12.10)。

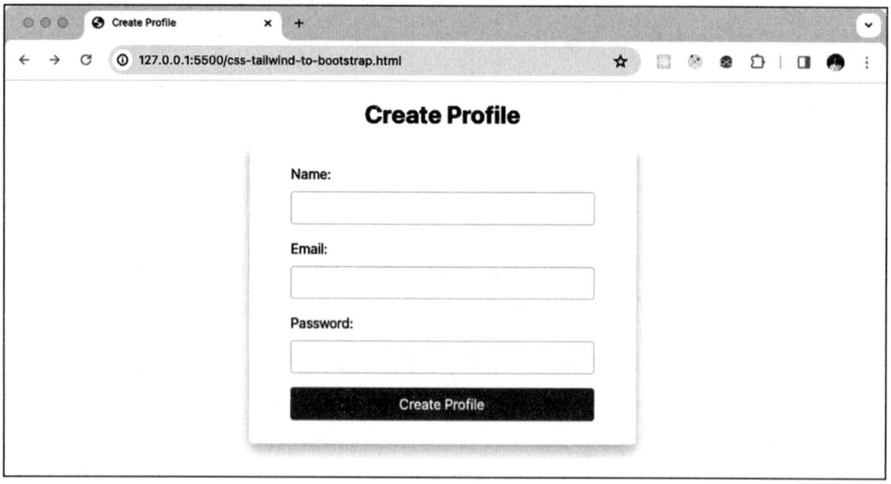

图 12.10　Bootstrap 框架驱动设计和布局的 HTML 页面

采用此设计，整体布局保持不变，标题位于居中卡片上方并应用了阴影。两个框架间的较大变化是缺少灰色背景。如需进一步修改，Bootstrap 提供了多个颜色类可以协助实现，以及 Create Profile 按钮占据了表单输入区域的整个宽度。

12.4　非类型语言增强类型支持

虽然非类型语言非常适合快速流畅的开发，但在需要稳定代码时，添加类型安全是个不错的选择。从非类型语言到类型语言的可能转换包括：

- JavaScript 转 TypeScript
- Python 转 Cython
- Ruby 转 Crystal
- PHP 转 Hack
- Clojure 到 ClojureScript
- Erlang 至 Alpaca
- Lua 到 Typed Lua
- R 转 Slang
- Perl 到 Raku
- Groovy 转 Java

在本节中，我们将展示一些这样的转换示例，以及如何利用 Copilot 轻松地增强非类型语言的表达能力。

JavaScript 转 TypeScript

先以 JavaScript 转换为 TypeScript 为例。在这个例子中，有一个名为 `calculateTotal` 的函数，它接收 `items` 和 `discount` 作为输入参数，并返回计算得出的总额。

```
function calculateTotal(items, discount) {
    let total = 0;
    for (let i = 0; i < items.length; i++) {
        total += items[i].price;
    }
    total -= total * (discount / 100);
    return total;
}
```

在这个函数中，如果不使用 TypeScript 可能导致几个问题。首先，输入参数 `items` 和 `discount` 的类型安全性缺失。若开发者误传单个项而非数组，或传入非数值的 `discount`，将引发运行时错误。虽然这些问题可通过单元测试进行检查，但为代码增加类型安全能更快发现问题，提高代码可维护性。

将此函数转换成 TypeScript 可以使用内联对话或者在窗口中使用对话。不过在这里，让我们使用内联对话功能。下面将展示如何进行内联重构。

选定函数后，激活内联对话。向 Copilot 发送请求，使用 `fix` 命令将文件转换为 TypeScript（见图 12.11）：

```
/fix convert the file to TypeScript
```

图 12.11　计算总和函数转换为 TypeScript 版本

完成转换后，需要更新项目以使用 TypeScript。如前所述，非类型语言因简单和易于执行而具有使用上的便利。但引入类型后，编译和执行代码前需要额外的几个步骤。

要完成这几个步骤，可向 Copilot 求助。启动一个新的对话窗口，向 Copilot 发送以下请求：

```
How can I update my JavaScript project to use TypeScript?
```

发送此请求后，会获得一份详细的、分步骤的 TypeScript 项目实施指南（见图 12.12）。

12.5　框架与库之间的转换

在本节中，我们将了解 Copilot 如何协助在面向对象的框架和库之间进行转换，这两者都是可复用代码的典型。库通常被视为执行特定任务的函数和方法集合，而框架不仅提供工具和库，还决定了应用程序的整体架构。

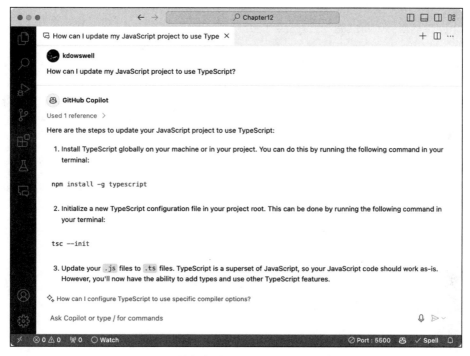

图 12.12　Copilot 回答如何将 JavaScript 项目转换为 TypeScript

尽管这里的示例针对特定的库和框架，但鉴于 Copilot 作为通用转换助手的优势，这些概念可以被灵活运用到任何库和框架之中。

12.5.1　Pandas 转 Polars

当需要将代码从一个库迁移到另一个库时，通常是为了提升性能。以 Python 为例，Pandas 是广受欢迎的数据处理库。尽管 Pandas 功能强大，但在处理大规模数据集时性能问题可能会成为瓶颈，此时需要考虑其他方案。接下来将展示如何利用 Copilot 将基于 Pandas 的数据处理应用转换为使用 Polars。Polars 是一个以性能为优先的数据处理库，基准测试显示其性能提升可达 50 倍；而独立 TPC-H 基准测试表明 Polars 比 Pandas 快 30 倍[1]。

我们将从一个使用 Pandas 的简单 Python 数据处理应用入手，来体验 Copilot 如何快速地协助将其转换为 Polars 代码。

如果想亲自动手操作这个编程示例，则可以在以下网址下载代码，到第 12 章文件夹找到 pandas-to-polars.py 初始文件即可。

https://www.wiley.com/go/programminggithubcopilot

这是起始的 Python 应用程序：

```python
import pandas as pd

# Load a large CSV file
df = pd.read_csv('large_file.csv')

# Perform a groupby operation
grouped = df.groupby('column1').sum()

# Sort the result
sorted_df = grouped.sort_values('column2', ascending=False)

# Display the result
print(sorted_df)
```

在此基础上,选中应用代码,并通过对话窗口让 Copilot 将应用转换为使用 Polars 框架(见图 12.13)。

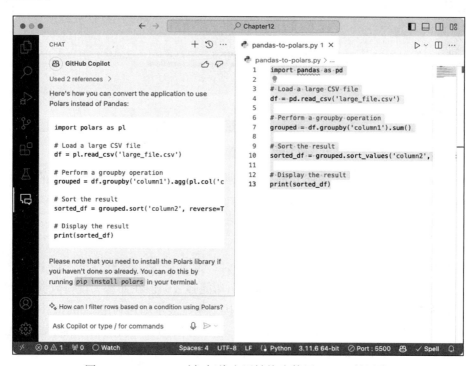

图 12.13　Copilot 对如何将应用转换为使用 Polars 的回应

以下是给 Copilot 的请求:

`Convert application to use Polars #editor`

从这里开始,可以使用窗口对话结果中的 Inject Code At Cursor 选项,将新代码直接添加到编辑器中。

在生成的 Polars 代码中,与数据集交互的方法和参数语法会有些许不同。

以下是使用 Polars 完成的 Python 应用程序：

```python
import polars as pl

# Load a large CSV file
df = pl.read_csv('large_file.csv')

# Perform a groupby operation
grouped = df.groupby('column1').agg(pl.col('column1').sum())

# Sort the result
sorted_df = grouped.sort('column2', reverse=True)

# Display the result
print(sorted_df)
```

转换完成后，按照 Copilot 的建议安装相应库，即可在处理大数据集时显著提升性能。

12.5.2　Express.js 转 Koa.js

Express.js 一直是 Node.js 开发 Web 应用的首选框架。它简洁、灵活，拥有庞大社区和丰富的中间件生态。然而，随着 JavaScript 和 Node.js 的演进，新兴框架拥有很多先进特性，为开发者带来更现代、高效的体验。

Koa.js 就是这样的一个框架。它由 Express 的同一团队开发，利用异步函数消除回调，并显著改善其错误处理。另外，Koa 基于模块化的设计，能够提供更精简、更灵活的服务。

在本节中，我们将了解 Copilot 如何在依赖于框架的应用程序现代化过程中协助更新代码。它不仅能确保原有功能得以保留，还能让我们体验新框架带来的现代化优势。

如需跟随本编程示例，则可以在以下网址下载代码，在第 12 章文件夹中找到 `express-to-koa.js` 文件即可。

https://www.wiley.com/go/programminggithubcopilot

以下是使用 Express.js 框架启动应用程序的步骤：

```javascript
const express = require('express');

const app = express();
const port = 3000;

app.use((req, res, next) => {
    console.log(`Request URL: ${req.url}`);
    next();
});

app.get('/', (req, res) => {
    res.send('Hello World!');
});
```

```
app.listen(port, () => {
    console.log(`Example app listening at http://localhost:${port}`);
});
```

让我们使用 Copilot Chat 将此应用转换为 Koa.js 版本。首先打开对话窗口，请求 Copilot 将应用改写成使用 Koa.js（见图 12.14）。

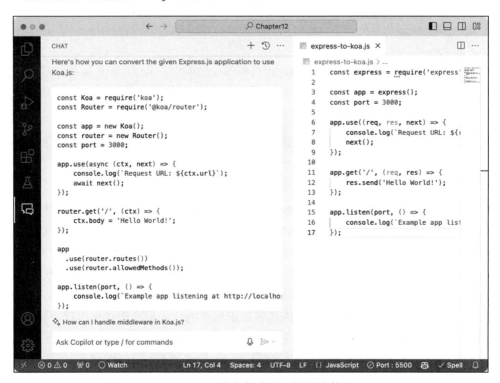

图 12.14　Copilot 回应如何将应用转换为使用 Koa.js

以下是向 Copilot 发出的请求：

```
Convert application to use Koa.js #editor
```

然后，可以将这段使用 Koa.js 的应用代码应用到编辑器中。与之前的代码相比，这里有几处不同，包括使用 Koa 的路由库和异步函数。如前面所看到的，我们可以使用 Copilot 迁移框架从而避免逐一修改应用代码的烦琐工作。

以下是使用 Koa.js 构建的完整 Node.js 应用程序：

```
const Koa = require('koa');
const Router = require('@koa/router');

const app = new Koa();
const router = new Router();
const port = 3000;
```

```
app.use(async (ctx, next) => {
    console.log(`Request URL: ${ctx.url}`);
    await next();
});

router.get('/', (ctx) => {
    ctx.body = 'Hello World!';
});

app
  .use(router.routes())
  .use(router.allowedMethods());

app.listen(port, () => {
    console.log(`Example app listening at http://localhost:${port}`);
});
```

12.6 面向对象语言的转换

语言转换的需求源于多种情况。随着时间推移，某些编程语言的支持可能减弱，公司也会将重心转向新的语言和框架。为了获取最新功能和安全修复，开发者不得不迁移到这些新技术栈。

在本节中，我们将体验 Copilot 在跨语言转换方面的协助能力。

Objective-C 到 Swift

多年来，Objective-C 一直是开发 macOS 和 iOS 应用的首选语言。虽然它促进了丰富的应用生态系统和开发工具的创建，但随着 Apple 生态系统的现代化，Swift 编程语言应运而生。由于 Swift 持续改进功能并获得优先支持，因此开发者社区逐渐有更多理由迁移到 Swift。

让我们看个例子，Copilot 如何将 Objective-C 类转换为 Swift。

如果想亲自动手完成本例，则可在以下网址下载代码，在第 12 章文件夹中找到 Person.m 初始文件。

https://www.wiley.com/go/programminggithubcopilot

这是以 Objective-C 编写的初始类文件：

```
#import <Foundation/Foundation.h>

@interface Person : NSObject

@property (nonatomic, strong) NSString *firstName;
```

```objc
@property (nonatomic, strong) NSString *lastName;

- (instancetype)initWithFirstName:(NSString *)firstName
lastName:(NSString *)lastName;
- (void)printFullName;

@end

@implementation Person

- (instancetype)initWithFirstName:(NSString *)firstName
lastName:(NSString *)lastName {
    self = [super init];
    if (self) {
        _firstName = firstName;
        _lastName = lastName;
    }
    return self;
}

- (void)printFullName {
    NSLog(@"%@ %@", self.firstName, self.lastName);
}

@end
```

在这个示例中，我们将了解 Copilot 如何利用内联注释来驱动代码补全，从而实现代码转换。虽然这可能不是转换类文件的最佳方式，但在这里将展示一种在不支持对话功能的 IDE 中转换类文件的替代方法。

在编辑器窗口中，在 Objective-C `Person` 对象后空两行，然后输入以下注释：

```
// Convert the above code to Swift
```

输入注释后，移至下一行。Copilot 会为要创建的 `Person.swift` 文件推荐名称。再添加一行后，会看到 Foundation 库的导入语句。添加该行，并在其后留出两个空行。这样会触发 Copilot 为 `Person` 类提供补全建议（见图 12.15）。

12.7 数据库迁移

数据库迁移往往工作量浩大。尽管有优秀工具可协助完成大部分的迁移任务，但仍有一些需手动操作的环节，Copilot 在这方面同样可以提供帮助。无论是从 MySQL、PostgreSQL、SQL Server 还是 Oracle Database 进行迁移，都可以依靠 Copilot 这个结对编程助手来提供支持。

在本节中，我们将了解 Copilot 如何协助常见的数据库转换工作。

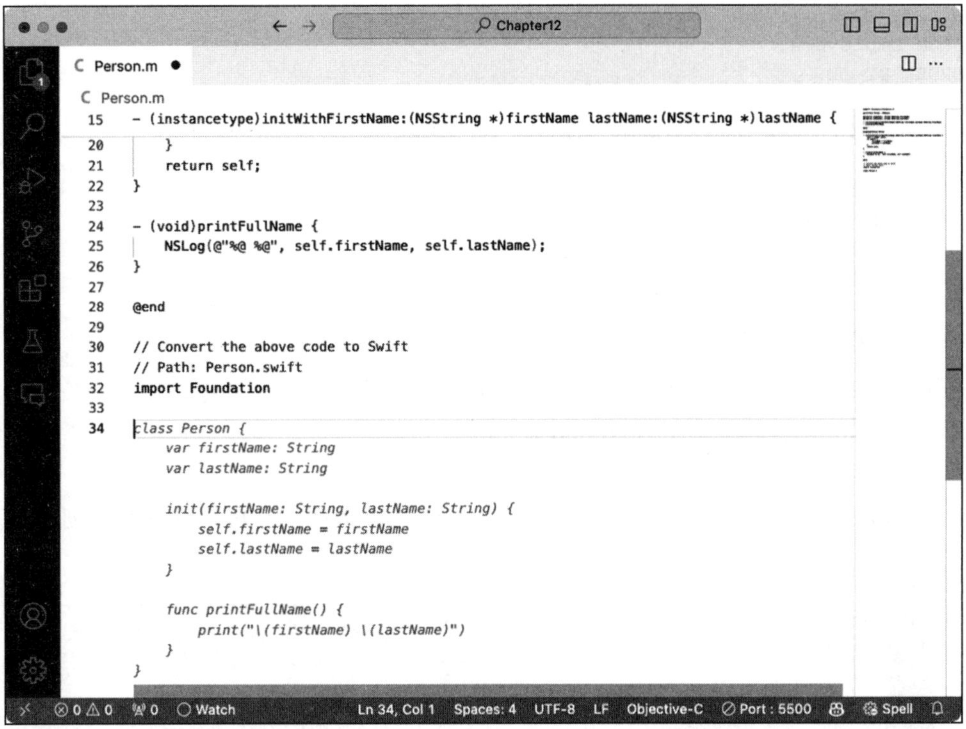

图 12.15　Copilot 为 Swift 中的 `Person` 对象提供的代码建议

从 SQL Server 迁移至 PostgreSQL

迁移到新数据库时有多种转换方案。针对 PostgreSQL 迁移，`pgloader` 命令行工具可协助完成表结构、数据导入和基本索引等多项迁移任务。本例将展示 Copilot 如何将架构、插入语句和存储过程从 SQL Server 转换为 PostgreSQL。

如果想跟着本例一起编程，则可以在以下网址下载代码，在第 12 章文件夹中找到 `sql-server.sql` 初始文件。

https://www.wiley.com/go/programminggithubcopilot

以下是初始的 SQL Server 数据库：

```
-- SQL Server
CREATE TABLE Employees (
    ID INT IDENTITY(1,1) PRIMARY KEY,
    FirstName NVARCHAR(50),
    LastName NVARCHAR(50)
);

INSERT INTO Employees (FirstName, LastName)
VALUES ('John', 'Doe'), ('Jane', 'Doe');
```

```sql
SELECT TOP(1) FirstName + ' ' + LastName AS FullName
FROM Employees
ORDER BY ID;

CREATE PROCEDURE GetFullName @ID INT AS
BEGIN
    SELECT FirstName + ' ' + LastName AS FullName
    FROM Employees
    WHERE ID = @ID;
END;

EXEC GetFullName 1;
```

有了 Copilot Chat，我们能迅速完成小规模的定向转换。打开 SQL Server 数据库文件，然后请求 Copilot 将其转换为 PostgreSQL。

```
Convert from SQL Server to PostgreSQL
```

向 Copilot 发送此请求后，会得到一个 PostgreSQL 文件，它可以作为后续迁移工作的起点（见图 12.16）。

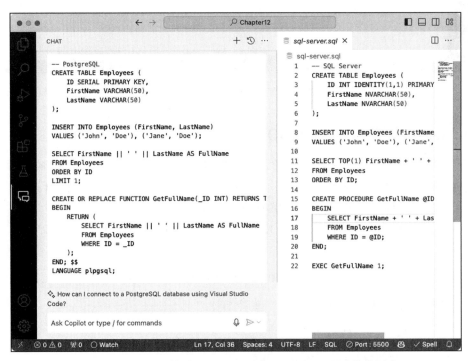

图 12.16　Copilot 针对 SQL Server 向 PostgreSQL 迁移的回应

如前所述，虽有优秀工具支持大规模迁移，但 Copilot 在针对性迁移方面更为便捷。另外，`pgloader` 等工具无法将 SQL Server 存储过程转换为 PostgreSQL 函数，而 Copilot 在这方面能快速协助将文件迁移至新数据库。

12.8 CI/CD 平台迁移

在软件开发中，转换持续集成/持续交付（CI/CD）平台是一项重要的战略决策，它会显著影响软件开发过程的效率、可扩展性和可靠性。

迁移至新 CI/CD 平台时，定义流水线的文件是关键资产。这些 YAML 或 JSON 格式的文件详细描述了软件从开发到生产的构建、测试和部署流程。有效利用这些文件可确保平稳过渡，而 GitHub Copilot 等工具能通过协助转换和调整这些基础设施文件显著提升迁移效率。

在这个示例中，我们将使用 Copilot 将 Azure DevOps 流水线的 .yaml 文件转换为 GitHub Actions。示例将展示一个 Copilot Chat 对话，其中引用了 Azure DevOps 流水线文件作为上下文。

如果想跟着做这个编程示例，则可以在以下网址下载代码，在第 12 章文件夹中创建 `ado.yaml` 文件的副本即可。

https://www.wiley.com/go/programminggithubcopilot

以下是向 Copilot 发送的请求，将 Azure DevOps 流水线文件转换为 GitHub Actions：

```
Convert this Azure DevOps pipeline file to GitHub Actions:

trigger:
- master

pool:
  vmImage: 'windows-latest'

variables:
  solution: '**/*.sln'
  buildPlatform: 'Any CPU'
  buildConfiguration: 'Release'

steps:
- task: NuGetToolInstaller@1

- task: NuGetCommand@2
  inputs:
    restoreSolution: '$(solution)'

- task: VSBuild@1
  inputs:
    solution: '$(solution)'
    msbuildArgs: '/p:DeployOnBuild=true /p:WebPublishMethod=Package /p:PackageAsSingleFile=true /p:SkipInvalidConfigurations=true /p:DesktopBuildPackageLocation="$(build.artifactStagingDirectory)\WebApp.zip" /p:DeployIisAppPath="Default Web Site"'
```

```yaml
    platform: '$(buildPlatform)'
    configuration: '$(buildConfiguration)'

- task: VSTest@2
  inputs:
    platform: '$(buildPlatform)'
    configuration: '$(buildConfiguration)'

- task: PublishBuildArtifacts@1

- task: AzureRmWebAppDeployment@4
  inputs:
    ConnectionType: 'AzureRM'
    azureSubscription: 'Your Azure Subscription'
    appType: 'webApp'
    WebAppName: 'Your Web App Name'
    packageForLinux: '$(build.artifactStagingDirectory)/**/*.zip'
```

向 Copilot 发送请求后，会获得一个结果，其中详细描述了生成的 GitHub Actions 工作流文件，并指出因构建依赖差异可能需要的手动调整（见图 12.17）。

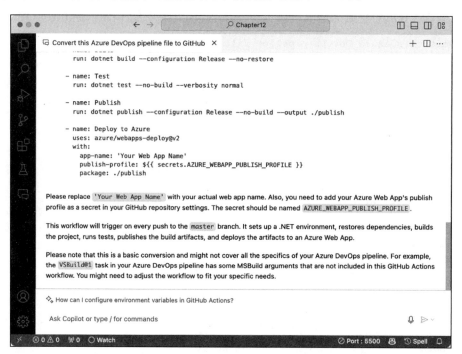

图 12.17　Copilot 将 Azure DevOps 工作流文件转换为 GitHub Actions 的结果

从这个例子可以看出，两个平台均支持 .yaml 文件格式，但结构和关键词各异。Azure DevOps Pipelines 采用较为线性的结构，而 GitHub Actions 则更倾向于嵌套结构。此外，GitHub Actions 广泛运用了可重用的代码片段"actions"。

12.9 遗留系统现代化

遗留系统可能因安全隐患、维护困难及难以适应业务需求变化而成为企业负累。向新技术过渡可显著降低风险、增强业务灵活性并保持竞争力。这种现代化转型使组织能更有效地创新，并满足不断变化的客户需求。

本节将介绍 Copilot 如何对使用 COBOL 或 Fortran 等语言的遗留系统进行现代化转型。与传统工具相比，使用 Copilot 进行遗留系统现代化可显著降低所需的工作量。

COBOL 程序的现代化改造

在本节中，我们将了解 Copilot 如何协助一个遗留 COBOL 程序的现代化改造。示例程序连接 DB2 数据库，为 `SELECT` 语句声明游标以从 `CUSTOMERS` 表检索数据，并打开该游标。程序从游标中获取行并显示每行的 ID、姓名和余额，直至无更多数据。最后，它关闭游标并断开数据库连接。

如果想跟随本编码示例，则可在以下网址下载代码，在第 12 章文件夹中找到 `CustomerBalanceDisplay.cob` 起始文件。

https://www.wiley.com/go/programminggithubcopilot

以下是待现代化的 COBOL 程序：

```
IDENTIFICATION DIVISION.
PROGRAM-ID. CustomerBalanceDisplay.

DATA DIVISION.
WORKING-STORAGE SECTION.
01  WS-ID            PIC 9(5).
01  WS-NAME          PIC X(20).
01  WS-BALANCE       PIC 9(5)V99.
01  WS-EOF           PIC X VALUE 'N'.

EXEC SQL INCLUDE SQLCA END-EXEC.

PROCEDURE DIVISION.
Begin.
    EXEC SQL
        CONNECT TO DB2
    END-EXEC.

    EXEC SQL
        DECLARE C1 CURSOR FOR
            SELECT ID, NAME, BALANCE
            FROM CUSTOMERS
    END-EXEC.
```

```
        EXEC SQL
            OPEN C1
        END-EXEC.

        PERFORM UNTIL WS-EOF = 'Y'
            EXEC SQL
                FETCH C1 INTO :WS-ID, :WS-NAME, :WS-BALANCE
            END-EXEC
            IF SQLCODE NOT = 0
                MOVE 'Y' TO WS-EOF
            ELSE
                DISPLAY WS-ID " " WS-NAME " " WS-BALANCE
            END-IF
        END-PERFORM.

        EXEC SQL
            CLOSE C1
        END-EXEC.

        EXEC SQL
            DISCONNECT DB2
        END-EXEC.

        STOP RUN.
```

接下来，我们将以此为例演示 Copilot 如何将这个遗留程序转换为 C# 版本。首先，用 VS Code 打开 CustomerBalanceDisplay.cob 文件。然后，启动一个 Copilot 对话，并发送类似以下的请求：

```
Convert this COBOL program to C#. #file:CustomerBalanceDisplay.cob
```

发送该请求后，Copilot 会返回一个与下列程序文件相似的结果：

```
using System;
using System.Data;
using IBM.Data.DB2;

namespace DB2Example
{
    class Program
    {
        static void Main(string[] args)
        {
            string connectionString = "your_connection_string_here"; // replace with your DB2 connection string

            using (DB2Connection connection = new DB2Connection(connectionString))
            {
                connection.Open();
```

```
                using (DB2Command command = new DB2Command("SELECT ID, 
NAME, BALANCE FROM CUSTOMERS", connection))
                {
                    using (DB2DataReader reader = command.Execute
Reader())
                    {
                        while (reader.Read())
                        {
                            int id = reader.GetInt32(0);
                            string name = reader.GetString(1);
                            decimal balance = reader.GetDecimal(2);

                            Console.WriteLine($"{id} {name} {balance}");
                        }
                    }
                }

                connection.Close();
            }
        }
    }
}
```

在这个程序中，Copilot 成功地将遗留 COBOL 应用程序转换为 C# 代码，同时保留了原有功能。由于没有特别指示，Copilot 默认保留了 DB2 数据库连接。某些情况下，我们可能也想更换数据库技术。接下来的例子将展示 Copilot 如何同时实现新数据库技术的应用和代码功能的迁移。

向 Copilot 发送以下新请求：

```
Convert this COBOL program to C#. Use SQL Server and Entity Framework.
#file:CustomerBalanceDisplay.cob
```

这个请求指定将程序转换为 C#，并增加了使用 SQL Server 和 Entity Framework 的要求指令。重要的是，在转换过程中不要让 Copilot 执行冲突的任务或过度请求。在本例中，同时转换数据库连接代码和程序代码是可行的。使用这样的请求，应该能得到描述 Entity Framework 类和上下文文件的结果，以及更新后的 `CustomerBalanceDisplay` 程序文件（见图 12.18）。

除指令和 Entity Framework 类文件外，Copilot 还给出更新后的程序类，大致如下：

```
public class Program
{
    public static void Main(string[] args)
    {
        using (var context = new CustomerContext())
        {
            var customers = context.Customers.ToList();
```

```
            foreach (var customer in customers)
            {
                Console.WriteLine($"{customer.Id} {customer.Name} {customer.Balance}");
            }
        }
    }
}
```

图 12.18　Copilot 针对 COBOL 程序和 DB2 向 SQL Server 转换的建议

在 Copilot 的帮助下，该程序变得更加易于维护和阅读。同时，使用 Entity Framework 后不仅显著减少了代码量，还在使用数据库对象时提供了类型安全保障，从而增强程序的稳定性。

12.10　结语

本章探讨了 Copilot 在跨技术领域无缝转换方面的革命性能力。无论是转换语言、框架、库、数据库还是 CI/CD 流水线，Copilot 不仅加快了新技术的采用，还以无与伦比的速度和准确性增强了开发工作流程。通过多个实例，在本章中我们了解了如何运用 Copilot 完成以下工作：

- 将自然语言转换为编程语言，打通概念到实现的通道。
- 转换 JavaScript 组件，让不同 JavaScript 框架间的迁移变得轻松自如。
- 简化 CSS 样式，加快设计制作和格式转换，优化前端开发流程。
- 为非类型语言增强类型支持，例如将 JavaScript 转为 TypeScript，以提升代码的可靠性和可维护性。
- 促进各类框架和库的平稳过渡，无论是面向对象还是基于函数的架构，以保证应用程序的健壮性和与时俱进。
- 协助数据库迁移和转换任务，为开发项目的后端提供支持。
- 优化不同 CI/CD 平台间的迁移，例如将 Azure DevOps 流水线文件转换为 GitHub Actions，以保持集成和部署流程的高效性。
- 将老旧系统（如 COBOL 程序）升级为现代语言和框架（如 C# 和 Entity Framework），以打造更易维护、易读和健壮的应用程序。

本章丰富的示例生动展现了 Copilot 作为现代软件开发中不可或缺的角色，让开发者能够从容应对技术演进的复杂性。未来，Copilot 在技术间转换和过渡方面的能力无疑将继续成为改变游戏规则的因素，在开发过程中催生创新、提升效率。

12.11　参考文献

[1] Polars, 2024. "Updated TPC-H benchmark results," https://pola.rs/posts/benchmarks.

第四部分 Part 4

GitHub Copilot 的核心见解与高阶应用

本部分内容包含：
- 第 13 章 GitHub Copilot 的 AI 伦理见解与责任
- 第 14 章 GitHub Copilot 助力软件开发生命周期
- 第 15 章 探索 GitHub Copilot 商业版和企业版

第 13 章

GitHub Copilot 的 AI 伦理见解与责任

在本章中,我们将了解负责任的 AI 的相关内容,包括各国政府正在制定的 AI 法规、GitHub Copilot 落实负责任的 AI 原则,以及在采用 GitHub Copilot 等 AI 驱动工具时应当考虑的事项,具体包括以下几个主题:

- ❑ 负责任的 AI 简介
- ❑ GitHub Copilot 实施负责任的 AI 探析
- ❑ 负责任的 AI 编程

13.1 负责任的 AI 简介

负责任的 AI 指的是以安全、可靠且符合伦理原则的方式来开发、评估和应用 AI 技术的实践。

近年来,AI 工具如雨后春笋般涌现。伴随这些工具的激增和全球范围内的广泛应用,负责任地开发和使用 AI 变得空前重要。

AI 的概念源于 20 世纪 50 年代,但直到最近硬件、软件和数据的融合才推动了 GitHub Copilot 等工具的飞速发展。这种技术融合不仅带来了强大工具,也凸显了制定负责任的 AI 标准的迫切性。

接下来我们将深入探讨 GitHub Copilot 如何践行负责任的 AI,详细阐述这些负责任的 AI 标准,包括公平性、可靠性和安全性、隐私和保障、包容性、透明度,以及问责制。

AI 的责任监管

欧盟的 AI 法案正为全球负责任的 AI 实践奠定基础[1]。法案生效后将影响在欧盟开发、销售和推广 AI 的企业。基于布鲁塞尔效应，可以预测其他国家会效仿此法案。该法案专注于建立 AI 风险威胁等级，明确禁止的应用程序，并为高风险系统制定规范，以及对 AI 系统设立透明度要求。同时，法案采取措施支持创新，确保在保护欧盟公民权益的同时促进技术进步。违反此法最高可罚企业全球收入的 7%，这使得该方案成为目前最严格的 AI 监管法规。

在美国，白宫制定了《人工智能权利法案》蓝图，这是一套非约束性的负责任的 AI 考量，旨在围绕为美国公民和居民建立保护措施展开对话，起到类似于《宪法权利法案》的保护作用[2]。当时，拜登总统还签署了一项 AI 行政命令，为联邦政府安全实施和监管 AI 系统设立了要求。这项行政命令是全球主要大国首次在政府层面确立负责任的 AI 要求的举措。

这些主要监管措施虽然尚不完善，但说明全球领导人已经意识到明确的指导和法规的重要性，以确保公民受到保护并能从 AI 发展中获得积极收益。

13.2　GitHub Copilot 实施负责任的 AI 探析

作为微软生态系统的一员，GitHub 从微软负责任的 AI 领导力和流程中获益匪浅。这些流程确保微软及其子公司以负责任的方式开发、部署和应用 AI。与此同时，微软制定了六大负责任的 AI 原则以确保负责任的 AI 的落实：公平性、可靠性和安全性、隐私和保障、包容性、透明度，以及问责制[3]。

GitHub Copilot 信任中心是一个丰富的资源库，提供了专门针对 GitHub Copilot 的视频、常见问题和资料。这些内容可以帮助个人和组织了解在采用 GitHub Copilot 进行开发时应当考虑的关键信息[4]。

在本节中，我们将了解 GitHub 如何在微软的六大负责任的 AI 原则中践行其承诺。虽然以下示例并未涵盖 GitHub 在产品中实施的所有负责任的 AI 考量，但它们展示了产品开发过程中一些经过深思熟虑的 AI 决策。

13.2.1　公平性

公平性原则强调"AI 系统应公平对待所有人"[5]。GitHub Copilot 团队践行此原则的一个例子是确保工具支持英语之外的多种语言。在开发过程中，团队为大量语言建立了自然语言支持。用户可在 Copilot 扩展设置中调整默认语言（见图 13.1）。

图 13.2 展示了为 Copilot 设置默认回复语言后，用户将获得与所选区域相对应的特定语言的 Copilot 回应。

GitHub Copilot 不仅注重语言支持，还高度重视无障碍功能。通过专门为仅使用键盘和屏幕阅读器的用户提供支持，GitHub Copilot 让残障人士能够更有效地参与项目开发。

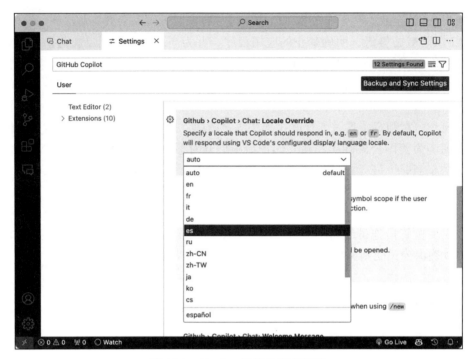

图 13.1　Copilot 扩展的语言设置

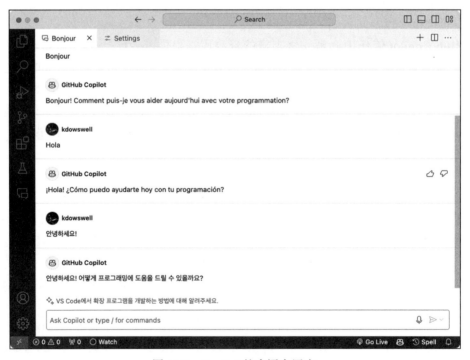

图 13.2　Copilot 的多语言回应

13.2.2 可靠性和安全性

微软认为"所有人工智能系统都应该可靠、安全地运行"[5]。要建立对 AI 系统的信任,系统必须可靠、安全且一致地运作。它们应当按预期执行,妥善处理意外情况,并具备抵御恶意请求的能力。

红队测试是一种采用对抗性方法来识别软件系统可靠性和安全性漏洞的实践。企业会专门雇用团队来发现和利用产品中的漏洞,促使产品团队能在发布产品或更新前修复这些漏洞。GitHub 对 Copilot 进行了广泛的红队测试,以确保它能安全地应对恶意请求。

除红队测试外,GitHub 还设有漏洞奖励计划,鼓励优秀的安全研究人员上报 GitHub 服务中发现的漏洞[6]。

一个内置保护的例子是:当用户请求如何执行跨站脚本攻击(cross-site scripting attack)的具体信息时,Copilot 会拒绝向用户提供相关内容(见图 13.3)。

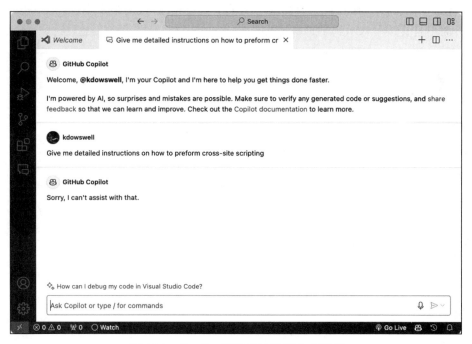

图 13.3　Copilot 拒绝提供黑客攻击细节

13.2.3 隐私和保障

隐私和保障在数字时代尤为重要,因为大量信息可能被 AI 系统获取。这一负责任的 AI 原则要求"人工智能系统应保障安全并尊重隐私"[5]。

1. 数据保护

GitHub Copilot 符合《通用数据保护条例》(General Data Protection Regulation,GDPR)。

GDPR 是欧洲的数据隐私和保障法规，旨在保护消费者数据，并对未能达到数据隐私和保障标准的公司处以罚款。

对于商业版和企业版的用户，GitHub Copilot 的代码建议和对话响应数据临时存储于内存中，仅在 API 请求期间保留，请求结束后立即清除。GitHub 也不会记录用户请求数据，进一步保障了会话数据的安全性。

个人计划用户的提示和建议在默认情况下会被保留，但可在设置中禁用代码片段收集功能，达到同样的安全保护。

2. 漏洞预防系统

GitHub Copilot 配备了漏洞预防系统，在向用户呈现代码建议前，会对代码建议进行安全检查。这一机制主要针对常见的安全隐患，如硬编码凭证、SQL 注入和路径注入等。

要在实际项目中体验这一点，可以尝试让 Copilot 创建一个将静态网站部署到 AWS S3 的 GitHub 工作流文件。我们会发现在这个例子中 Copilot 生成的结果中使用了 GitHub 代码库密钥，而不是直接写入示例字符串（见图 13.4）。

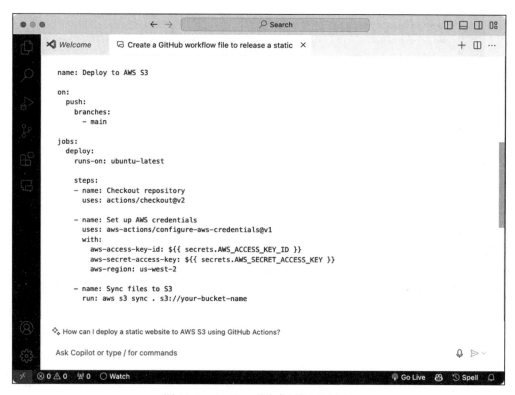

图 13.4　Copilot 对密钥变量的回应

除漏洞防御系统外，GitHub 还会在数据进入模型前过滤个人可识别信息（Personal Identifiable Information，PII）等内容，以防敏感数据在模型训练过程中泄露。

13.2.4 包容性

包容性原则强调"AI 系统应赋能所有人并促进参与"[5]。GitHub 通过多种 Copilot 许可选项体现了这一理念。学生和知名开源项目维护者可免费使用 Copilot。个人用户可选择每月 10 美元或每年 100 美元的方案。此外,GitHub 还为企业提供多种灵活的购买选项,以满足不同需求。

GitHub Copilot 体现包容性的另一方面是,它不会在程序员工作时独自在后台运行。这个工具并非为取代程序员而设计,而是与程序员合作,让他们始终参与编程过程。这不仅有利于劳动力市场,也符合问责制原则,稍后会详细探讨这一点。

13.2.5 透明度

透明度原则的核心理念是"AI 系统应当易于理解"。为体现这一原则,我们可以请求 GitHub Copilot Chat 解释它生成的代码(见图 13.5)。这体现了透明度,使用户能够明白所提供的代码建议的具体含义。

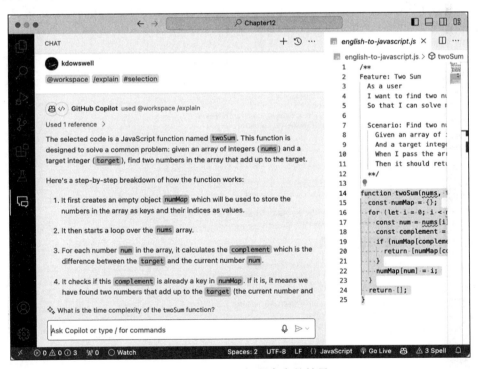

图 13.5　Copilot 解释命令的结果

这一原则在产品工作原理的文档和说明中也有体现。GitHub 并未将 GitHub Copilot 设计成一个黑盒系统,而是注重透明度,让用户能够了解其运作方式、训练过程、所用数据以及生成的代码。

13.2.6 问责制

问责制认为"人应当为 AI 系统负责"。尽管每项原则都很重要，但这可能是最关键的一条。鉴于 AI 发展迅速，且对人类生活有实质性影响（无论是积极的还是消极的），人们很容易陷入将所有责任归咎于 AI 的循环中，例如指责其不安全、提供不公平的回应或传播偏见。

GitHub 从开发到使用再到输出的多个环节中都贯彻了这一原则。

在开发过程中，GitHub 产品团队与微软负责任的 AI 部门携手合作，推动产品遵循既定的负责任的 AI 流程。这种做法确保了来自多个组织和不同视角的人员参与其中。若产品出现与负责任的 AI 相关的冲突，GitHub 和微软两个层面都将承担相应责任。

在产品使用和输出的全程中，用户始终保持参与状态。

需要强调的是，用户应该对接受和检查 GitHub Copilot 提供的代码和信息负有责任。Copilot 永远不会自行"接受"代码。人机协作是 Copilot 多项功能的核心理念，它通过要求人类积极参与来确保用户层面的问责制，并推动不同程度的 AI 使用问责制。如图 13.6 所示，在接受内联代码更改时，我们需要决定接受或放弃。这种人机协作对于保障安全性和遵循软件开发准则至关重要。

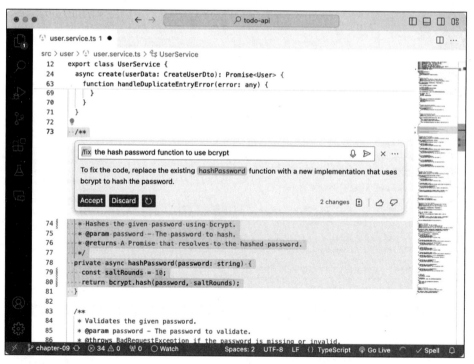

图 13.6　Copilot 人机协作示例

除了检查代码的准确性外，Copilot 始终建议对生成的代码进行安全漏洞检查。因为

Copilot 与其他程序员一样也会出错。因此，在使用过程中，务必尽力验证生成的代码以确保它符合安全规范。

GitHub Copilot 问责制的另一例证是微软的 Copilot 版权承诺。微软借此承诺为商业版和企业版的 Copilot 用户提供支持[7]。GitHub Copilot 产品条款中的"第三方索赔辩护"部分详细阐述了该协议下的保护措施[8]。

13.2.7 深入探索

若想了解这些负责任的 AI 原则的详细内容，可以访问微软负责任的 AI 网站：

https://www.microsoft.com/ai/responsible-ai

若需了解 GitHub Copilot 的运作机制和相关的负责任的 AI 信息，则请访问 GitHub Copilot 信任中心：

https://resources.github.com/copilot-trust-center

13.3 负责任的 AI 编程

在使用 GitHub Copilot 等 AI 驱动的编程工具时，需要权衡它带来的利弊。

使用 GitHub Copilot 的好处包括提升效率、优化代码质量、改善决策能力，以及增加开发者满意度[9]。

尽管这些好处十分显著，但在采用 AI 工具时也必须注意所面临的相关挑战。过度依赖 AI、引入负面偏见，或为提高开发效率而忽视安全问题，都可能导致失败。

个人代码贡献者和组织都需要权衡 AI 工具的利弊，确保软件开发过程合乎伦理、安全，并始终以人为本。

研究负责任的 AI 工具

在评估 AI 相关工具时，须深入调研，确保所选工具建立在公平、安全、包容、透明和问责制的基础之上。

我们同时需要注意到，生成式 AI 技术的发展日新月异，瞬息万变。在研究 GitHub Copilot 等 AI 工具对个人和组织的影响时，我们可能无法完全预测这些工具的影响，不必气馁，但一定要充分掌握可用的信息。

要继续探索更多的细节，请访问 GitHub Copilot 信任中心，它针对这些问题提供了丰富的资源。

除了了解工具及其创建方式，我们还希望个人或企业在使用 Copilot 前思考采用哪些原则将 AI 工具有效地融入工作流程。也许之前讨论的某个原则引起了你的共鸣。请将认同的原则作为指引，在这个激动人心、瞬息万变的 AI 时代保持初心，稳步前进。

13.4 结语

本章对 GitHub Copilot 的负责任的 AI 的见解和实施进行了探讨，介绍了政府制定的相关法规、负责任的 AI 原则在 GitHub Copilot 中的应用，以及采用 GitHub Copilot 等 AI 驱动工具的注意事项。通过这些内容，我们应当具备了良好的基础，可以合乎道德且有效地理解并使用 AI 技术。

13.5 参考文献

[1] EU Artificial Intelligence Act, 2024. "The EU Artificial Intelligence Act," `https://artificialintelligenceact.eu`.

[2] The White House, 2023. "Blueprint for an AI Bill of Rights," `https://www.whitehouse.gov/ostp/ai-bill-of-rights`.

[3] Microsoft AI, 2024. "Principles and Approach," `https://www.microsoft.com/ai/principles-and-approach`.

[4] GitHub, 2024. "GitHub Copilot Trust Center," `https://resources.github.com/copilot-trust-center`.

[5] Microsoft AI, 2024. "Empowering responsible AI practices," `https://www.microsoft.com/ai/responsible-ai`.

[6] GitHub, 2023. "Nine years of the GitHub Security Bug Bounty program," `https://github.blog/2023-08-14-nine-years-of-the-github-security-bug-bounty-program`.

[7] Microsoft, 2023. "Microsoft announces new Copilot Copyright Commitment for customers," `https://blogs.microsoft.com/on-the-issues/2023/09/07/copilot-copyright-commitment-ai-legal-concerns`.

[8] GitHub, 2024. "GitHub Copilot Product Specific Terms," `https://github.com/customer-terms/github-copilot-product-specific-terms`.

[9] E. Kalliamvakou, 2022. "Research: quantifying GitHub Copilot's impact on developer productivity and happiness," `https://github.blog/2022-09-07-research-quantifying-github-copilots-impact-on-developer-productivity-and-happiness`.

第 14 章　GitHub Copilot 助力软件开发生命周期

本章将深入探讨 GitHub Copilot 如何在软件开发生命周期每个步骤提供助力，评估 AI 工具在 SDLC 中的现状和前景，定义 SDLC 中 AI 集成的不同层级，AI 在软件开发中日益普及可能带来的隐忧，以及其对工作稳定性和团队协作的潜在影响。

- 软件开发生命周期简介
- AI 在软件开发生命周期中的应用评估
- AI 在软件开发生命周期中的集成层级详解
- GitHub Copilot 在软件开发生命周期中的应用展示
- 应对挑战：AI 应用与就业前景

14.1　软件开发生命周期简介

SDLC 是一个系统化过程，旨在高效地生产高质量软件。它指导开发团队完成软件开发的各个阶段。通常，此过程包括以下步骤：需求、设计、编码、测试、部署和维护（见图 14.1）[1]。

SDLC 的主要目标是促进软件的成功发布。鉴于软件开发的复杂性，团队采用 SDLC 的结构化方法来构建、测试和交付生产就绪的软件，确保最终产品稳健可靠。接下来，我们将详细阐述各阶段的活动，以及 GitHub Copilot 如何在 SDLC 的每个步骤中提供助力。

图 14.1　AI 在软件开发生命周期中的应用

14.1.1 需求

在需求阶段,核心工作是收集和定义需求、编写规格说明和确定功能的优先级。GitHub Copilot 可以通过建议文档模板、协助将初步需求扩展为具体功能、集思广益需求细节,甚至根据我们的指导撰写需求规格说明来显著增强此阶段。

14.1.2 设计

在设计阶段,创建架构图、设计用户界面和规划系统交互等活动至关重要。GitHub Copilot 在此阶段可以生成设计模式的样板代码,提供多种编码方案,并根据当前设计趋势给出改进建议和最佳实践。

14.1.3 编码

GitHub Copilot 在编码阶段能够大显身手,协助编写、审查代码并整合模块。它实时提供代码建议,补全代码行或代码块,帮助开发者迅速编写高效、无误的代码。

14.1.4 测试

在测试阶段,关键活动包括编写测试用例、执行各类测试(如单元、集成和系统测试)、调试和验证。GitHub Copilot 通过提供测试用例建议、识别边界情况、生成自动化测试框架代码,有效提升了测试的健壮性和覆盖面。

14.1.5 部署

部署阶段涉及配置服务器、将代码部署至生产环境及监控部署过程。GitHub Copilot 为部署脚本提供指导,推荐 CI/CD 流水线的最佳实践,并通过提供相关代码片段和配置来协助解决部署问题。

14.1.6 维护

维护阶段主要包括修复缺陷、升级系统和优化性能。GitHub Copilot 能快速定位缺陷并给出修复方案,提供性能优化建议,还能协助更新代码文档和注释,确保代码长期保持相关性和可读性。

14.2 AI 在软件开发生命周期中的应用评估

近年来,随着 GitHub Copilot 等 AI 驱动开发工具的迅速崛起,开发社区正积极尝试将 AI 融入软件开发生命周期中。

Gartner 预测，企业中的软件工程师对机器学习（ML）驱动的编码工具的采用将大幅增长。预计到 2027 年，使用这类技术的人的比例将从当前不到 5% 飙升至 50%[2]。这意味着未来三年内，采用率将激增到 120%。

GitHub 和 Wakefield Research 的一项独立调查显示，在 500 名美国企业开发者中，高达 92% 的开发者在工作和个人项目中使用 AI 编码工具[3]。

Gartner 和 GitHub/Wakefield 的使用统计数据存在显著差异。GitHub/Wakefield 因样本量小（500 位开发者）且集中于企业开发者，所以得出较高的使用比例。然而，尽管两项研究方法和结果不同，它们均显示 AI 工具在软件开发生命周期中备受关注且使用率日益上升。Gartner 将此称为 AI 增强软件工程（AI-Augmented Software Engineering，AIASE）[2]。

正如调查所示，AI 在软件开发生命周期中的应用正快速推进。虽然某些领域使用率已很高，但随着 GitHub Copilot 等工具的功能不断增强，以及公司在开发流程中更深入地应用 AI 工具，整体市场仍有巨大的增长潜力。目前可能尚处于早期采用阶段（见图 14.2）。然而，未来几年 AI 工具将成为软件开发中不可或缺的一部分。

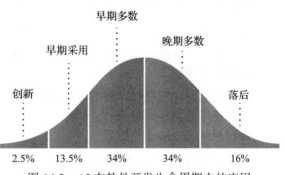

图 14.2　AI 在软件开发生命周期中的应用

14.3　AI 在软件开发生命周期中的集成层级详解

本节将介绍 SDLC 中 AI 集成的不同层级，从最初级的无流程状态（第 0 级）到最高级的组织优化 AI 工具实施（第 5 级）。通过这些层级划分，我们可以对 AI 在 SDLC 中的集成成熟度进行评估。

了解我们所在的组织在这些层级中的定位后，就能使用更先进的 AI 工具来优化开发生命周期。这些改进不仅能增强竞争优势，还能为开发团队配备必要的知识和工具（如 GitHub Copilot），助力他们在开发流程中成功应用 AI 技术。

本节借鉴了能力成熟度模型集成（Capability Maturity Model Integration，CMMI）的理念。CMMI 是一套全球最佳实践，通过开发和衡量核心能力来提升企业绩效[4]。

本节描述的集成级别包括：第 0 级（不存在）、第 1 级（初始）、第 2 级（已管理）、第 3 级（已定义）、第 4 级（量化管理）和第 5 级（优化），如图 14.3 所示。

图 14.3　软件开发生命周期中 AI 应用的集成级别

14.3.1 第 0 级：不存在

在 0 级水平，软件开发生命周期中基本没有 AI 的身影。这个阶段的特点是开发框架中完全缺乏 AI 工具和流程。处于这一水平的组织仅依靠传统软件开发方法，没有借助 AI 能力来增强开发过程。

在这个阶段，由于组织未能明确规定 AI 工具的正确使用方法和最佳实践，因此工程团队很可能滥用这些工具。这种模糊性和滥用行为可能给组织带来风险。

如前所述，直接调查的开发者正在以较高的速度采用 AI 工具，而组织对其采用率的识别尚未达到同样的水平 [2, 3]。这意味着，很可能有大量组织在软件开发生命周期中还处于蛮荒时代：缺乏 AI 集成指导，同时其工程团队又在自发采用某些 AI 工具。

功能展示

以下是其主要功能：

传统开发方法

在传统的开发过程中，开发流程通常是手动的，并且遵循惯例的方法，缺乏 AI 驱动的洞察、自动化和效率提升支持。

有限的认知或理解

组织可能对 AI 融入软件开发过程的潜在益处知之甚少或一无所知。这种认知缺失既存在于管理层，也普遍存在于开发团队中。

被动式解决问题

没有 AI 工具，问题解决方法往往是被动而非主动的。问题出现时才被处理，缺乏 AI 可提供的预测能力和数据驱动洞察。

没有 AI 驱动的优化

编码、测试和部署等过程缺乏 AI 驱动的优化，无法利用机器学习模型、自然语言处理和自动化测试框架等 AI 技术来提升效率。

14.3.2 第 1 级：初始

第 1 级是组织引入 AI 的起步阶段，通过试探性地采用 AI 工具和方法，开始在软件开发生命周期中融入 AI。这一阶段的特点是小范围、实验性地理解和应用 AI 功能，往往聚焦于特定项目或 SDLC 的某些环节。

功能展示

以下是其主要功能：

基础 AI 工具实验

团队开始尝试使用代码补全、简单缺陷检测和自动代码审查等基础 AI 工具，以了解 AI 在软件开发中的应用潜力。

初步数据分析工作

目前出现了很多利用 AI 分析开发数据的尝试。这些数据包括代码库或错误报告等，目的是提炼出可能指导开发决策的洞见。不过，这种分析方法尚处于起步阶段。

项目中的临时 AI 集成

AI 集成呈现零散且项目导向的特征，缺乏组织层面的统一战略。某些项目成为 AI 集成的试点，以了解 AI 在开发过程中的利弊。

在团队中培养 AI 技术意识

团队逐渐认识到 AI 技术及其对软件开发实践的潜在影响，通常伴随着初步培训或研讨会的开展。

14.3.3 第 2 级：已管理

在第 2 级，组织已从 SDLC 中对 AI 的初步探索进入已管理的集成阶段。此阶段，AI 工具和实践在特定管理监督下实施，并集成到选定的开发流程中。这一级别的显著特征是采用有计划的 AI 策略，以目标为导向，通过结构化管理方法进行监控。

功能展示

以下是其主要功能：

针对性 AI 实施

根据特定开发目标或已识别的挑战，选择并部署 AI 技术，旨在提升代码质量、增强效率或实现重复任务自动化。

特定流程的 AI 集成

AI 工具被融入软件开发生命周期中最具效益的环节，通过管理和监督确保其与开发目标保持一致。

AI 工具和流程管理

软件开发中的 AI 应用受到积极管理，明确划分监管 AI 集成的角色职责，确保 AI 工具的高效使用，并遵循组织规定。

性能度量

系统性地根据预设指标测量 AI 集成对开发流程的影响，以评估其对开发目标的贡献，并找出需要改进的方面。

14.3.4 第 3 级：已定义

在第 3 级，组织在软件开发生命周期中实现了 AI 的规范化整合。这标志着组织采用了成熟的方法，AI 工具和方法不仅得到了管理，还全面融入了组织的标准化流程。AI 实践被系统记录，其整合体现出一致性、可重复性，并与组织战略目标保持一致。

功能展示

以下是其主要功能：

标准化 AI 流程

组织制定并实施了标准化流程，将 AI 工具融入软件开发生命周期的各个阶段。这些流程经过文档化并在团队间共享，确保在软件开发中统一运用 AI 技术。

组织范围的 AI 集成

AI 集成已不局限于某些特定项目或团队，而是成为整个组织开发流程的标准环节。这种广泛应用确保所有项目都能享受 AI 带来的效率提升和创新潜力。

综合 AI 战略

组织制定了 AI 采用的全面战略，与其整体业务和技术目标相契合。该战略指导 AI 工具和流程的选择、实施及管理。

高级 AI 应用场景

组织正在落实多项高级 AI 应用，包括：运用深度学习解决复杂问题、基于 AI 的用户个性化体验，以及用于战略规划和决策制定的预测分析。

14.3.5 第 4 级：量化管理

第 4 级时，组织实现了 AI 在软件开发生命周期中的全面标准化集成，并采用定量方法进行严密监控。该级别的显著特征是系统性运用指标和数据分析来管理、优化 AI 驱动的流程，确保 AI 集成能有效推动组织战略目标的实现。

功能展示

以下是其主要功能：

高级指标和关键绩效指标

组织采用全面的高级指标和关键绩效指标（Key Performance Indicator，KPI）体系，评估 AI 工具与方法在软件开发过程中的成效、效率及影响。

数据驱动的流程改进

AI 整合过程依托定量数据进行持续分析和优化，以此调整 AI 策略，最大限度实现开发成果和组织目标。

过程优化的预测分析

运用高级预测分析技术，组织能够预见流程瓶颈，发掘提效机会，并针对具体项目需求主动打造 AI 工具。

性能基准测试

定期对照行业标准和最佳实践进行基准测试，以确保组织的 AI 集成保持技术领先地位，推动持续进步。

14.3.6 第 5 级：优化

在第 5 级，组织实现了 AI 在软件开发生命周期中的最高集成。AI 驱动的流程不仅实现量化管理，还持续优化以达到卓越性能和创新。此阶段的特点是组织积极主动、战略性地运用 AI，推动持续改进，在软件开发和产品创新领域获得竞争优势。

功能展示

以下是其主要功能：

持续优化流程

AI 集成过程不断分析和优化，基于性能数据、新兴趋势和战略目标实时调整。这包括改进 AI 工具和方法，以全面提升软件开发生命周期的效率、质量和速度。

创新型 AI 应用

运用尖端人工智能技术，探索 AI 在软件开发中的创新应用，包括用于预测性开发分析的高级机器学习模型、AI 驱动的用户体验设计，以及复杂开发任务的智能自动化。

战略性 AI 演进

AI 战略和举措与时俱进，紧跟业务目标变化、技术进步和市场需求。企业应保持灵活，及时调整 AI 能力，以应对战略转向或把握新机遇。

企业范围的 AI 文化

创新与持续改进的文化贯穿整个组织，AI 和数据驱动决策不仅是软件开发的核心，更是所有商业实践的核心。全体员工应积极参与，运用 AI 推动优化与创新。

14.3.7 总结

本节参照 CMMI 模型，阐述了软件开发生命周期中 AI 集成的各个级别，概述了从第 0 级到第 5 级的递进过程。

这种结构化评估方法有助于个体和组织评估当前 AI 成熟度，并制定策略以提升开发效能和市场竞争力。

14.4 GitHub Copilot 在软件开发生命周期中的应用展示

经过前面的介绍，我们已经对不同层级的 AI 增强软件开发在组织层面的表现有了很好的理解。本节将通过一个例子展示如何在软件开发生命周期各阶段应用 GitHub Copilot。这个例子将介绍团队如何在 Scrum 冲刺中使用 GitHub Copilot，同时我们将借助这个例子生成一份实用指南，为在 SDLC 全过程中应用 GitHub Copilot 提供指导。

Scrum 是敏捷方法的一个分支，特点是采用迭代式和增量式的软件开发与项目管理方式。Scrum 将项目任务划分为小型可控的单元——称为"冲刺"，该单元一般持续 2 至 4 周。这种方法使团队能够迅速应对变化，不断优化流程，从而更有效地交付满足用户需求的高质量软件。

本节将探讨 GitHub Copilot 在 Scrum 冲刺过程中的具体示例，展示多位团队成员如何在工作中从 Copilot 获得对应的见解与支持。

此外，虽然本节旨在介绍 Copilot 在 Scrum 开发周期中的广泛应用，但并不会详尽列举 Copilot 的所有用途，而是对本书前文中所涉及的编程任务进行相对宏观的扩展。

14.4.1 示例场景详解

为说明这一场景，我们以一家专注于生态技术的初创公司为例。该公司致力于通过智能技术将可持续性融入日常生活。公司的最新产品 FreshFridge 是一款环保智能冰箱，旨在最大限度地减少食物浪费并培养用户可持续的饮食习惯。FreshFridge 使用先进的传感器和人工智能技术来监控食品库存，追踪保质期，并根据现有食材推荐食谱。此外，它还与在线购物服务无缝集成，可以优先推荐对本地和应季产品进行补货。FreshFridge 应用允许用户管理他们的购物清单，获取营养信息并接收个性化的膳食建议。所有这些都旨在减少浪费并培养更健康的生活方式。

开发团队面临以下挑战：将多种技术无缝整合进 FreshFridge，既要确保对用户友好，又要融入复杂的 AI 功能。他们决定在 Scrum 中全程运用 GitHub Copilot，从需求调研到发布管理，全面提升效率，激发创意。

14.4.2 需求收集

产品经理 Sofia 借助 GitHub Copilot，高效起草了 FreshFridge 的库存跟踪、菜谱推荐和食材补充功能的详细需求和用户故事，从而全面推进可持续生活理念。

在这个例子中，我们将看到 Copilot 在 VS Code IDE 中的应用。通过 GitHub Copilot 企业版，产品负责人可以直接在 `GitHub.com` 使用 GitHub Copilot Chat。

针对团队提出的首个需求，Sofia 启动 VS Code，并与 Copilot 展开对话。她在对话窗口中要求 Copilot 列举支持库存跟踪需求的潜在用户故事（见图 14.4）。

这是给 Copilot 的指令：

```
Create user stories that would be required to complete this feature:

Inventory Tracking: Utilizes advanced sensors and AI to monitor food
inventory in real-time, helping you keep track of what's in your fridge.
```

以及 Copilot 给出的结果：

  用户故事 1：传感器整合

  作为系统工程师，我希望将先进传感器整合进冰箱，使系统能够实时检测和监控冰箱内食品。

  用户故事 2：AI 模型开发

  作为 AI 开发者，我要开发一个 AI 模型来识别和分类食品，以便系统能精确追踪库存。

第 14 章　GitHub Copilot 助力软件开发生命周期　205

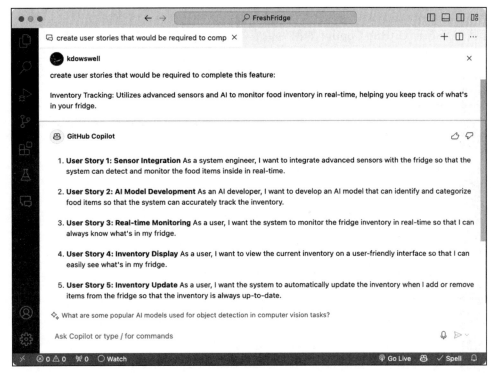

图 14.4　Copilot 为某功能生成用户故事标题

用户故事 3：实时监控

作为用户，我希望系统能实时监控冰箱库存，以便随时了解冰箱内的食品情况。

用户故事 4：库存显示

作为用户，我希望通过友好的界面查看冰箱当前库存，以便简单清晰地了解冰箱内食品。

用户故事 5：库存更新

作为用户，我希望系统能在我往冰箱里添加食品或取出食品时自动更新库存，以保证库存信息随时保持最新状态。

用户故事 6：库存不足预警

作为用户，我希望在食品库存不足时收到提醒，以便及时补货。

用户故事 7：保质期跟踪

作为用户，我希望系统能跟踪食品的保质期，以便及时食用或处理，避免浪费。

用户故事 8：数据隐私

作为用户，我希望库存数据能得到安全存储，以保护个人隐私。

这些用户故事为 Scrum 团队快速迭代库存跟踪功能的基本需求提供了理想的切入点。让我们来看看 GitHub Copilot 如何为生成的用户故事创建验收标准（见图 14.5）。

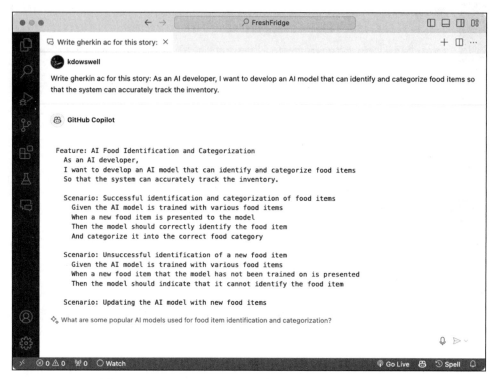

图 14.5　Copilot 以 Gherkin 格式生成用户故事验收标准

以下是向 Copilot 发出的请求：

```
Write gherkin ac for this story: As an AI developer, I want to develop
an AI model that can identify and categorize food items so that the
system can accurately track the inventory.
```

Sofia 将这些故事和验收标准上传至产品待办事项列表，供团队在细化会议中审核。若需修改，她只需让 Copilot 调整验收标准，即可与团队快速迭代用户故事的具体内容。

如示例所示，提示中只用了"ac"而非完整的"验收标准"（acceptance criteria）。凭借海量训练数据，Copilot 能准确推测提示意图，生成符合需求的回答。

14.4.3　优化待办事项列表

在 Scrum 中，产品待办事项列表是团队工作事项的唯一依据。团队可以查看按优先级排序的待办事项清单。产品负责人会综合考虑价值、风险和依赖性等因素来确定排序。

在后续的产品待办事项精化（Product Backlog Refinement，PBR）会议上，Scrum 团队会逐一审查尚未完全就绪的项目。然而，这类会议往往耗时费力。有了 Copilot 之后，团队就可以利用它协助构思并创建模板化任务，从而激发团队的创造力，加快解决方案的形成。

在产品待办事项梳理会议上，负责 FreshFridge 项目的 Scrum 团队齐聚一堂。他们共同梳理需求，细化条目，根据需求和依赖关系对条目进行优先级排序，估算工作量，并在必要时清理过时条目。

现在，团队正在审核关于食品识别和分类的用户故事。以下是需求的一个片段：

> 作为 AI 开发者，我期望构建一个可识别并分类食品的 AI 模型，以便系统能准确管理库存。
>
> 场景：成功识别并归类食品条目

- 考虑到该 AI 模型接受过多种食品相关数据的训练
- 当模型遇到新的食品条目时
- 模型应准确识别食品种类
- 模型将新条目归入适当的食品类别

带有场景的验收标准为团队后续的工作提供了一个很好的起点。在需求评审会议上，团队以此为基础讨论用户故事和场景，确定是否需要增添细节或做出调整。现在，他们需要了解的一个关键要素是将要使用的 AI 视觉系统。了解这一点将有助于团队更准确地估算工作量。

让我们来看看技术主管 Tom 如何运用 Copilot 来探究可能使用的视觉系统。首先，他在 VS Code 编辑器中打开相关背景内容，然后向 Copilot 提出问题（见图 14.6）。

以下是给 Copilot 的指令：

```
Are there any AI vision system libraries that should be considered to
accomplish this story?
```

在结果选项中，OpenCV 脱颖而出，成为团队值得尝试的方案。基于前期调研，他们对完成这项用户故事充满了信心。

这只是利用 Copilot 进行构思和提问的一个范例。在用户故事探索和创意构思方面，Copilot 的应用潜力可谓无穷无尽。

有了这些新情报，Tom 可以利用 Copilot 内联对话来对场景进行编辑（见图 14.7）。

以下是向 Copilot 发出的请求：

```
Update this scenario to indicate the use of the OpenCV library.
```

正如我们所看到的，Copilot 在运用重构技术编辑文档方面表现出色，其能力非常强大。

借助这种从发现到编辑的快速反馈机制，FreshFridge 团队能以空前的速度推进工作，对需求有更深入的理解，并做出更精准的修改。

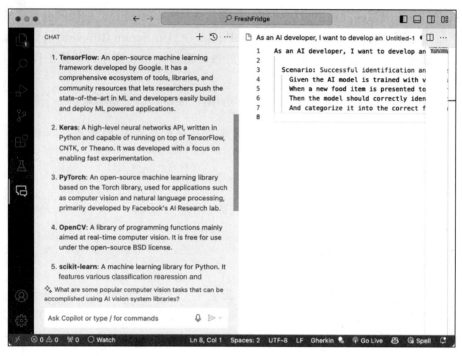

图 14.6 Copilot 详解 AI 视觉系统库

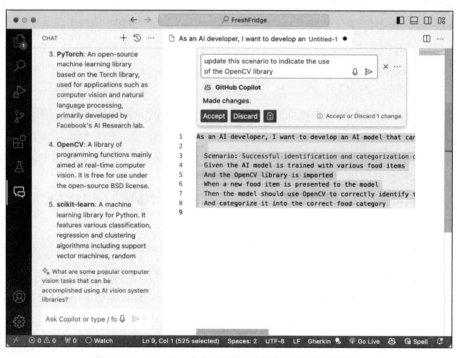

图 14.7 Copilot 内联对话协助编辑用户故事场景

14.4.4 使用 Copilot 进行规划

在确定冲刺待办事项清单后，团队需要规划每个事项的具体实施方案。

延续前述示例中的功能场景，团队可以利用 Copilot 制定一个冲刺任务清单。与之前的示例操作类似，团队将在 VS Code 中打开用户故事，为侧边栏的 Copilot 对话提供上下文（见图 14.8）。

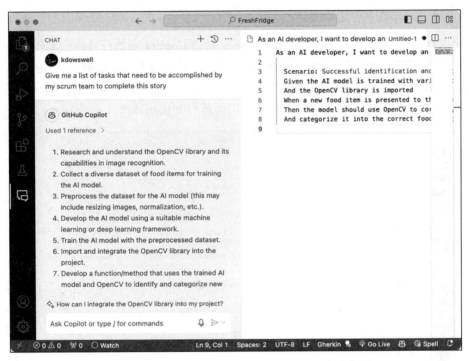

图 14.8　Copilot 内联对话协助用户故事的任务拆分

向 Copilot 发出请求：

```
Give me a list of tasks that need to be accomplished by my scrum team to complete this story.
```

Copilot 的结果非常棒，它给出了一个完整的列表，团队可在此基础上进行开发：
- 探索掌握 OpenCV 库及其图像识别功能。
- 收集多样化的食品数据集，用于训练 AI 模型。
- 为 AI 模型预处理数据集（可能包括调整图像尺寸、归一化等）。
- 采用适当的机器学习或深度学习框架构建 AI 模型。
- 用预处理后的数据集训练 AI 模型。
- 将 OpenCV 库导入并整合到项目中。
- 编写函数/方法，运用已训练的 AI 模型和 OpenCV 来识别并分类新的食品条目。

- 用不同种类的食物来测试这个函数/方法，确保其功能符合预期。
- 根据测试结果，适时优化和重新训练模型。
- 记录函数/方法的用法及 AI 模型的关键细节。
- 审查并重构代码，提高可读性和性能，遵循编码规范。
- 对用户故事进行最终审核，确保满足全部要求。

14.4.5　使用 Copilot 进行编程

在完成冲刺任务的细化规划后，团队可再次借助 Copilot 来执行具体的编码工作。在这一轮中，AI 开发者 Alexi 承担了将 OpenCV 库导入并整合进项目的任务。

团队已有一个现成的 Python 项目。Alexi 打开项目，准备导入并整合 OpenCV。通过 Copilot Chat 查找到相应的安装和导入命令，以便运行和使用该库（见图 14.9）。

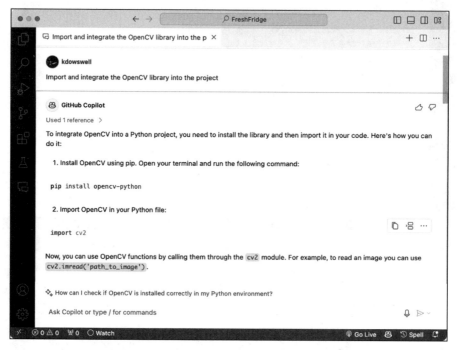

图 14.9　Copilot 内联对话协助安装和导入库

以下是对 Copilot 的请求：

`Import and integrate the OpenCV library into the project.`

现在，Alexi 可以安装必要的库了。完成安装后，就能继续处理这个冲刺项目的下一个任务：

开发一个函数/方法，运用训练好的 AI 模型和 OpenCV 来识别并归类新的食品条目。

此时，Alexi 可运用 Copilot 的多种功能来完成任务。顶层注释、窗口对话或内联对话都能派上用场。我们来看看团队如何使用内联对话，协助创建符合所选任务要求的函数（见图 14.10）。

图 14.10　Copilot 内联对话完成食品识别与分类的 AI 模型函数

以下是对 Copilot 的请求：

```
Develop a function/method that uses the trained AI model and OpenCV to
identify and categorize new food items.
```

从这个例子中可以看出，团队基于任务描述生成了 `identify_food` 函数。此过程得到了文件、文件类型、导入语句以及请求文本的协助。

在此基础上，团队可继续与 Copilot 互动，补充所需的导入语句和方法，最终完成整个实现过程。

14.4.6　使用 Copilot 进行测试

有了基础函数，我们将探讨 Copilot 如何协助创建单元测试，以缩短功能反馈周期并稳定代码库。

使用 Copilot 内联对话功能，开发者选中 `image_processing.py` 类中的代码。选中后激活内联对话，输入 `/tests` 命令即可生成测试文件和基准测试断言（见图 14.11）。

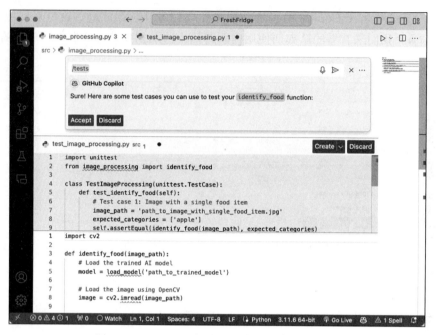

图 14.11　Copilot 内联对话协助创建单元测试

以下是 Copilot 生成的完整测试文件：

```python
import unittest
from image_processing import identify_food

class TestImageProcessing(unittest.TestCase):
    def test_identify_food(self):
        # Test case 1: Image with a single food item
        image_path = 'path_to_image_with_single_food_item.jpg'
        expected_categories = ['apple']
        self.assertEqual(identify_food(image_path), expected_categories)

        # Test case 2: Image with multiple food items
        image_path = 'path_to_image_with_multiple_food_items.jpg'
        expected_categories = ['apple', 'banana', 'orange']
        self.assertEqual(identify_food(image_path), expected_categories)

        # Test case 3: Image with no food items
        image_path = 'path_to_image_with_no_food_items.jpg'
        expected_categories = []
        self.assertEqual(identify_food(image_path), expected_categories)

if __name__ == '__main__':
    unittest.main()
```

正如我们所看到的，这个测试充分展示了 GitHub Copilot 的强大编码功能和惊人的速度。开发团队可以以此为基础反复迭代底层代码，直至成功地通过单元测试。

14.4.7 使用 Copilot 进行部署

团队完成功能开发后，Copilot 可协助创建集成流水线，用于构建、测试和部署代码。

开发人员可要求 Copilot 生成 GitHub Actions 工作流文件，以处理 GitHub 代码库中的拉取请求和合并操作（见图 14.12）。

图 14.12　Copilot Chat 对生成集成流水线工作流文件的回应

以下是发送给 Copilot 的请求内容：

```
Help me create a continuous integration pipeline with GitHub Actions for
my python v3.11 project dev branch and pull request.
```

以及完整的工作流 YML 文件：

```
name: Python CI

on:
  push:
    branches: [ dev ]
  pull_request:
    branches: [ dev ]

jobs:
  build:

    runs-on: ubuntu-latest
```

```yaml
steps:
- uses: actions/checkout@v2

- name: Set up Python 3.11
  uses: actions/setup-python@v2
  with:
    python-version: '3.11'

- name: Install dependencies
  run: |
    python -m pip install --upgrade pip
    pip install -r requirements.txt

- name: Lint with flake8
  run: |
    pip install flake8
    flake8 .

- name: Test with pytest
  run: |
    pip install pytest
    pytest
```

正如我们所看到的，Copilot 的回应提供了详细的步骤说明和完整的工作流文件。另外，Copilot 在生成结果时采用了请求中指定的 Python 版本。

这些示例展示了 GitHub Copilot 在软件开发生命周期各阶段的应用。这只是开发团队在迭代冲刺中运用 Copilot 的诸多方式的冰山一角。

14.5　应对挑战：AI 应用与就业前景

随着 AI 在开发流程中的逐步整合，人们难免会对它对未来软件开发职业的影响产生担忧。本节将直接解答这些针对 AI 技术如何影响未来的职业角色、工作安全及工作性质的顾虑。

我们需要明白的是，AI 工具是为增强而非取代我们的能力而设计的。通过自动化那些烦琐和单调的任务，AI 可以让我们更专注于软件开发中的创造性任务和复杂问题，让工作更有成就感。这种增强而非完全自动化的理念是 GitHub Copilot 的核心设计原则。在使用过程中，我们要始终记住保持"人机交互"，让用户来决定是否采纳、拒绝或修改 AI 的建议是至关重要的。

在开发过程中使用 AI，我们将发现有更多的机会摆脱那些单调乏味的任务，转而专注新技能和能力的提升。我们应将其视为成长契机，并善用 AI 创造的空间来学习和进步。持续学习 AI 相关技能，相信这不仅能为我们的职业生涯开辟新的路径，还能提升我们作为开发者的价值。

虽然未来 AI 必将改变软件开发的格局，但这种变革更多是角色的演进而非淘汰。我的建议是持续保持对新兴 AI 技术如何在业界创造全新的专业和岗位的探索，并思考如何调整自身定位以把握这些机遇。

在迎接未来工作时，熟悉 AI 的伦理知识和负责任的 AI 原则至关重要。负责任的 AI 原则包括公平性、可靠性和安全性、隐私和保障、包容性、透明度以及问责制。请务必了解所在组织在使用 AI 工具时如何贯彻这些原则。

此外，GitHub Copilot 信任中心也提供了大量关于就业市场与 GitHub Copilot 的详细信息[5]，这些信息可以帮助个体和组织进一步理解 AI 在工作中的作用及其对未来就业的影响。

14.6 结语

在本章中，我们了解了 Copilot 如何在软件开发生命周期的每个阶段发挥作用，以及将 AI 集成到 Scrum 团队的工作流程。

我们还分析了当前 AI 采用情况的统计数据和未来趋势预测，详细说明了当今开发领域的现状和发展方向。这些数据和预测凸显了 GitHub Copilot 在软件行业日益上升的重要地位。

此外，我们还了解了 AI 在软件开发生命周期中的集成级别。从第 0 级到第 5 级，我们应该能够判断所在组织在 SDLC 中应用 AI 的程度，并规划未来的发展路径。

最后，本章探讨了软件开发流程中 AI 的日益普及可能引发的顾虑，以及它对从业者工作稳定性和工作模式的潜在影响。

14.7 参考文献

[1] GitHub, 2024. "Understanding the SDLC: Software Development Lifecycle Explained," https://resources.github.com/software-development/what-is-sdlc.

[2] Gartner, 2023. "Gartner Hype Cycle Shows AI Practices and Platform Engineering Will Reach Mainstream Adoption in Software Engineering in Two to Five Years," https://www.gartner.com/en/newsroom/press-releases/2023-11-28-gartner-hype-cycle-shows-ai-practices-and-platform-engineering-will-reach-mainstream-adoption-in-software-engineering-in-two-to-five-years.

[3] GitHub, 2023. "Survey reveals AI's impact on the developer experience," https://github.blog/2023-06-13-survey-reveals-ais-impact-on-the-developer-experience.

[4] ISACA, 2024. "What is CMMI?," https://cmmiinstitute.com/cmmi/intro.

[5] GitHub, 2024. "GitHub Copilot Trust Center," https://resources.github.com/copilot-trust-center.

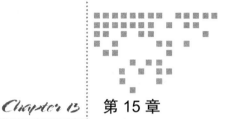

第 15 章

探索 GitHub Copilot 商业版与企业版

本章将介绍 Copilot 商业版（Copilot Business）和 Copilot 企业版（Copilot Enterprise）的功能。在 Copilot 强大功能的基础上，Copilot 商业版使组织能够在充分利用 Copilot 的同时，为管理者提供所需的控制能力，确保知识产权安全。

除了 Copilot 商业版提供的控制和安全特性外，我们还将了解 Copilot 企业版的高级功能。这些强大的特性能使整个组织的工作效率得到显著的提升。这些功能包括 GitHub.com 内置的聊天功能、索引代码库、构建知识库、拉取请求增强等。

- Copilot 商业版与企业版简介
- 在 GitHub.com 与 Copilot 交互
- 索引代码库以增强 Copilot 的理解力
- 利用知识库获取更优回答
- 借助 Copilot Chat 处理代码库文件
- 借助 Copilot 增强拉取请求
- 管理 GitHub Copilot
- 展望未来

15.1 Copilot 商业版与企业版简介

本节旨在简要介绍 Copilot 商业版与企业版的基础功能。除此之外，还将探讨 Copilot 商业版提供的额外控制和安全特性。最后，我们将带你了解 Copilot 企业版的独特功能，并提供入门的补充资料参考。

15.1.1 基础功能详解

使用 Copilot 商业版和 Copilot 企业版的同时，可获得 Copilot 个人版的全部基础功能。这包括 IDE 中的代码补全、Copilot Chat、命令行界面中的 Copilot 等。这些基础功能与本书前面所述内容一致。

1. 在 IDE 中使用 Copilot 编程

GitHub Copilot 的核心在于 IDE 中的编程体验。无论选择哪种计划，我们都能在编辑器内享受全面的代码补全功能，Copilot 会快速提供对变量、函数乃至完整类文件的建议，大大提升编程效率。

除代码补全外，Copilot 还能通过注释行和注释块协助编写新代码。在注释中运用自然语言、样本数据和示例等，可显著提升 Copilot 生成精准代码的能力（见图 15.1）。

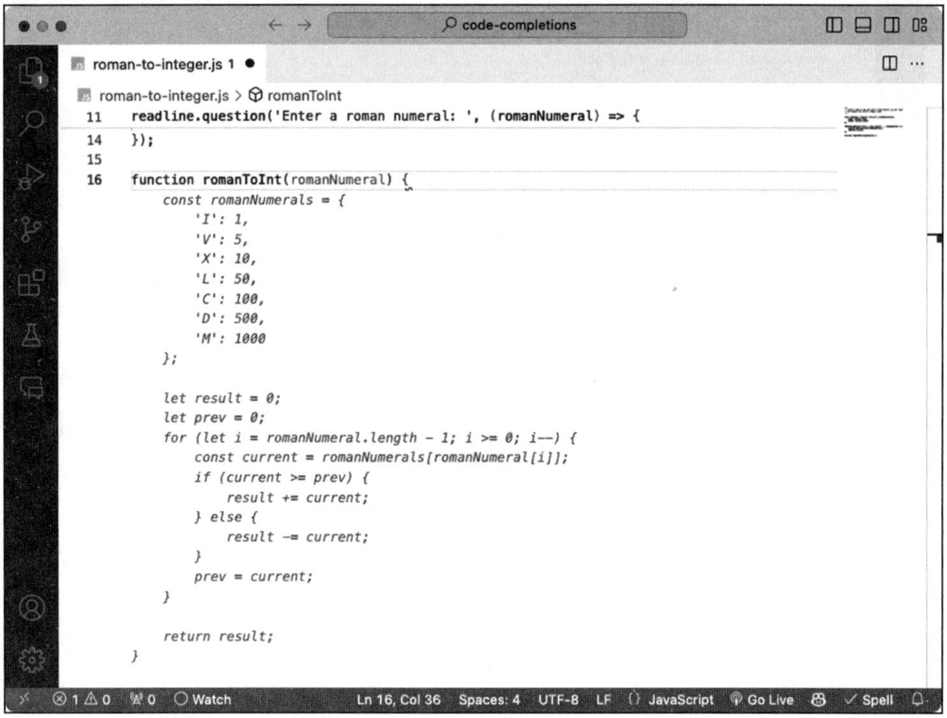

图 15.1　Copilot 代码补全

Copilot 代码补全功能适用于 Visual Studio Code、Visual Studio、Vim、Neovim、JetBrains IDE 和 Azure Data Studio 等 IDE。Copilot 对这些主流开发环境的广泛支持，可以让我们在熟悉且高效的平台上充分发挥其功能。

2. 在 IDE 中与 Copilot 对话

在编辑器中与 Copilot 协作可高效解决特定问题。此外，还可以在 IDE 中使用 Copilot

Chat 进行创意构思、寻找解决方案，并获得切实可行的结果，无须离开开发环境即可保持工作流畅（见图 15.2）。

图 15.2　Copilot 侧边栏对话

Copilot Chat 目前支持 Visual Studio Code、Visual Studio 和 JetBrains IDE。撰写本书时，仅 Visual Studio Code 和 Visual Studio 可使用内联对话功能直接在编辑器中修改代码。随着 GitHub 不断扩展功能，其支持的 IDE 范围也会发生变化。

3. 在命令行界面中运用 Copilot

当在终端中需要协助完成任务时，GitHub CLI 中的 GitHub Copilot 扩展可以帮上大忙。它能够提供任务完成建议或命令解释，让我们无须离开终端就能顺利推进工作（见图 15.3）。

在命令行界面中使用 GitHub Copilot，开启了全新的交互方式。它不仅能提供命令建议和解释，还能获取洞见和可执行结果，已成为 IDE 现有高效工具集的强大补充。

15.1.2　Copilot 商业版

GitHub Copilot 商业版在 GitHub 个人版的基础上强化了特定功能，为组织提供所需的控制和安全保障，从而能够使组织放心地在团队中推广 Copilot 的使用。

在 15.7 节，我们将进一步了解如何执行内容过滤、控制 Copilot 访问权限、更新优化使用政策，以及检查审计日志[1]。

第 15 章 探索 GitHub Copilot 商业版与企业版

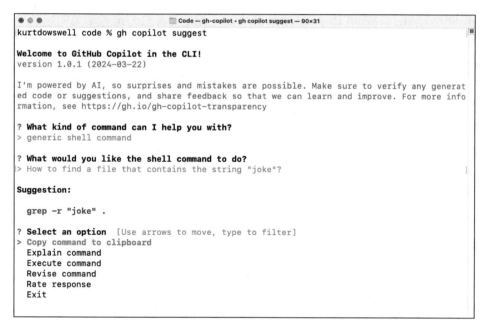

图 15.3 命令行界面中的 Copilot

如需了解 GitHub Copilot 商业版的完整功能列表和详细文档，请在以下网址访问其官方功能集文档页面：

https://docs.github.com/enterprise-cloud@latest/copilot/copilot-business/github-copilot-business-feature-set

15.1.3 Copilot 企业版

GitHub Copilot 企业版是专为采用 GitHub Enterprise Cloud 的组织量身定制的订阅方案。它在 GitHub.com 平台上向企业提供先进的 AI 功能，让用户能够直接在浏览器中与 Copilot 互动，并获取跨项目代码库的上下文信息[2]。

本章将深入探讨 Copilot 企业版的各项功能。如需获取更多详细信息，请按以下网址访问 GitHub 文档网站的功能集页面：

https://docs.github.com/enterprise-cloud@latest/copilot/github-copilot-enterprise/overview/github-copilot-enterprise-feature-set

除 GitHub Copilot 管理功能外，本章介绍的所有其他功能均为 Copilot 企业版独有。

15.2 在 GitHub.com 与 Copilot 交互

Copilot 企业版的功能之一是能极大地增强用户在 GitHub.com 使用 Copilot 的体验。

本节将介绍 GitHub.com 中 Copilot Chat 的功能。无论是寻求与编程相关问题的见解，还是深入了解正在浏览的代码库功能，Copilot 都能让我们触手可及。

在 GitHub.com 与 Copilot 交互时，我们可以就以下方面展开对话：
- 代码库专属问题
- 常见软件问题
- 文件或符号特定查询
- 文件内特定行的疑问
- 知识库相关问题
- 拉取请求差异询问

本章接下来的内容将展示这些功能的具体应用实例。

注：GitHub.com 的 Copilot 仅向获得访问权限且组织政策允许的成员开放。具体设置详见 15.7 节。

15.2.1　洞悉代码库概况

设置完 GitHub Copilot 企业版账户并开启 GitHub.com 的 Copilot 功能后，企业版用户可在 GitHub.com 网站内与 Copilot 直接交互。

先登录 GitHub.com，之后屏幕右上角会出现 Copilot 图标。单击该图标将在屏幕右下角打开一个固定的对话窗口（见图 15.4）。

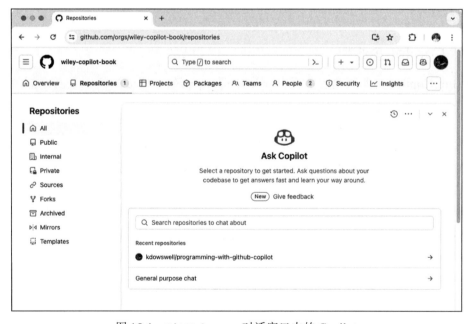

图 15.4　GitHub.com 对话窗口中的 Copilot

此界面展示了 Copilot 的介绍、代码库搜索框、最近访问的代码库列表，以及启动通用对话的选项。

接下来，我们以 codeql 为例展示如何与 Copilot 对话以讨论特定代码库的情况。在代码库搜索框中，输入"codeql"，将看到一个选项列表（见图 15.5）。

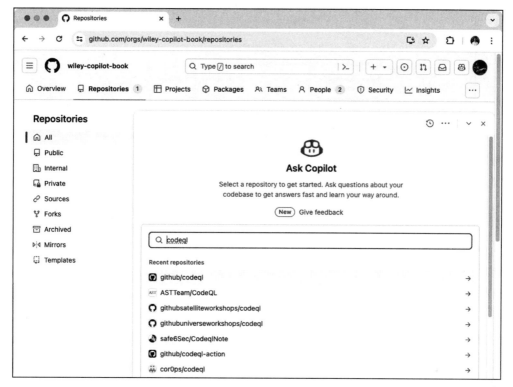

图 15.5　GitHub.com 对话窗口中的 Copilot 与 CodeQL 分析结果

从列表中选择 github/codeql。

CodeQL 是一款复杂的分析工具，它将代码视为数据来检测代码库中的安全漏洞。用户可以编写查询来识别模式并深入研究代码。该工具支持 C++、Java、JavaScript、TypeScript 和 Python 等多种编程语言。CodeQL 在全球安全研究中被广泛使用，是 GitHub 高级安全功能中代码扫描的核心组件。

在选定代码库后，Copilot 可以针对其中的代码文件提供具体的分析。它可以搜索代码并给出详细说明，通过自然语言描述查找特定文件，或根据我们提供的符号定义检索相关的代码引用。虽然对话主要围绕所选的代码库，但也可以随时询问一些编程相关的问题，获取实时的支持。

CodeQL 项目鼓励针对其支持的各种编程语言提交新的安全查询，以检测潜在漏洞。让我们使用 Copilot 查看 CodeQL 代码库的贡献指南（见图 15.6）。

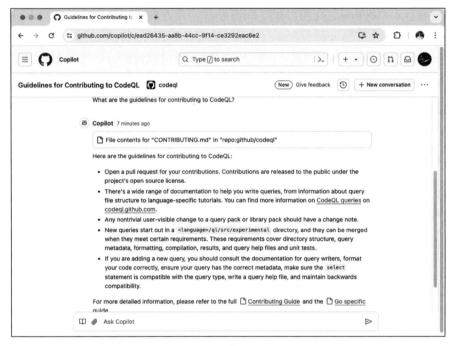

图 15.6　CodeQL 代码库的贡献指南

以下是给 Copilot 的请求：

```
What are the guidelines for contributing to CodeQL?
```

此处可见，Copilot 运用代码库索引找到了 `CONTRIBUTING.md` 文件，并将结果嵌入回应。这个文件包含了许多实用的链接，以指引我们如何提交拉取请求。

此外，图 15.6 展示了沉浸式对话视图。通过对话窗口右上角的椭圆菜单完成访问。此时 URL 会变为 `github.com/copilot`，并在路由中添加对话的唯一标识符。这样就将对话或沉浸式视图添加到书签中，之后我们可以在 `GitHub.com` 通过书签快速进入 Copilot。

15.2.2　向 Copilot 咨询通用编程问题

从沉浸式界面中，单击右上角的新对话按钮开启对话，将显示默认的登录页面，其中会包含之前的代码库和通用对话选项。在本节中，请选择通用对话。

开启新对话后，会看到 Copilot 的欢迎语，提醒用户使用前须仔细检查输出内容：这一点需要时刻注意。因为，受技术限制，Copilot 也会犯错。因此，确保输出的质量并引导 Copilot 给出高质量的回应都需要我们严格把关。

除了顶部的通知，屏幕底部还提供对话建议，这些建议有助于了解 Copilot 的强大功能。无论是后端基础设施即代码还是前端框架，Copilot 都能协助研究、完善并实施满足特定需求的解决方案（见图 15.7）。

第 15 章　探索 GitHub Copilot 商业版与企业版　❖　223

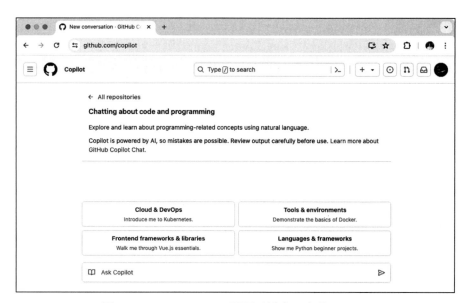

图 15.7　GitHub.com 通用对话窗口中的 Copilot

虽然每次都会有不同的对话建议提示，但在本例中，我们将选择一个关于 Vue.js 核心内容的对话提示切入。与之前引用代码库的对话示例不同，本次回应完全由 GitHub Copilot 的大语言模型生成，未使用任何 GitHub 代码库文件中的资源（见图 15.8）。

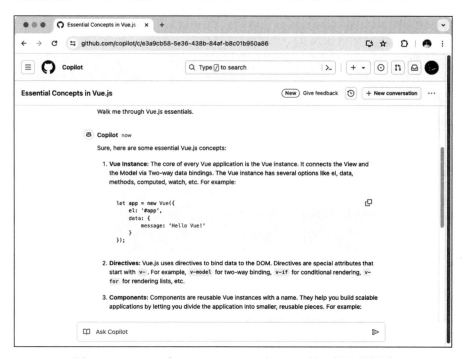

图 15.8　Copilot 在 GitHub.com 对 Vue.js 核心概念的探讨

从结果可以看出，Copilot 给出了一个理想的回应，详细介绍了默认 Vue.js 应用实例、所需要的指令要点、通用组件结构、Vue Router、Vuex 库、Vue CLI、单文件组件和响应式原理。这些关于 Vue.js 的详细信息为使用 Vue.js 快速开发提供了良好的基础。

在这里，我们还可以提出针对特定代码库的问题，以获得更精准的结果。这部分内容将在 15.3 节中详细介绍。在那里，我们将了解如何让 Copilot 协助完成特定任务和知识探索，它不仅依赖于 GitHub Copilot 的基础模型，还会利用代码库中的索引文件。

15.3 索引代码库以增强 Copilot 的理解力

在本节中，我们将了解如何为代码库创建索引，帮助 GitHub.com 的 Copilot 深入理解代码和代码库中的各种文档。

15.3.1 示例项目详解

在本节中，我们将使用名为 eShopOnWeb 的示例项目。这是一个 ASP.NET Core 应用，包含客户端和后端 API [3]。该电商项目允许用户搜索产品、加入购物车和提交订单。管理员还可通过后台应用管理产品库存。

可以通过以下链接访问这个示例代码库：

https://github.com/dotnet-architecture/eShopOnWeb

图 15.9 展示了客户端应用主页，其中包含导航栏、标题、筛选器、商品列表、登录入口和购物车功能。

15.3.2 检索增强生成技术简介

检索增强生成（Retrieval-Augmented Generation，RAG）使大语言模型从多元数据源中检索信息，从而拓展其能力范围，突破初始训练数据的局限。这些数据源还可根据具体需求进行定制 [4]。

这项技术在与 Copilot 交互的多个场景中得到应用（可以查看附录以进一步理解在 GitHub Copilot 中运用 RAG 的复杂细节）。

当在 GitHub.com 使用 GitHub Copilot Chat 询问已建立索引的代码库问题时，Copilot 企业版的 RAG 系统会使用平台内部的搜索引擎，从索引文件中寻找相关代码或文本。这个过程涉及语义搜索，在其中分析文档内容并按相关性排序。GitHub Copilot Chat 利用 RAG 进行类似的语义搜索，从排名靠前的文档中提取最相关片段。随后，这些片段被整合到提示中，使 GitHub Copilot Chat 能够生成准确且相关的回答。

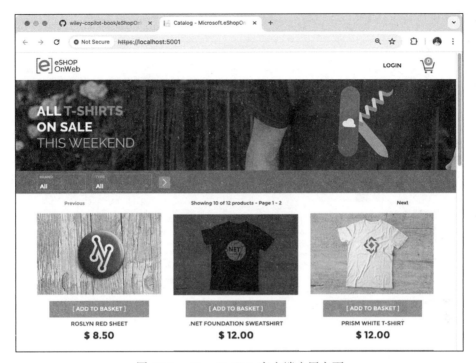

图 15.9　eShopOnWeb 客户端应用主页

15.3.3　为代码库创建索引

为了使 Copilot 能执行上述操作，我们需要对希望纳入 Copilot 推理和响应流程的代码库创建索引。这一步骤通常只针对私有代码库，因为大多数公共代码库已经完成了索引。

要为代码库创建索引，只需在 GitHub.com 打开对话窗口，并从搜索代码库区域选择目标代码库。在本节例子中，我们选中派生的 eShopOnWeb 代码库。之后，Copilot 会提示为该代码库创建索引，以提升其理解能力和响应质量（见图 15.10）。

索引过程的耗时取决于代码库的规模。小型代码库只需几秒，而像本例这样包含复杂基础设施（客户端应用和 API）的大型代码库则需要几分钟。

15.3.4　代码库相关问题咨询

在索引完成后，我们可以向 Copilot 提出关于该代码库的问题，获得针对性的结果。接下来的例子将展示如何与 Copilot 互动，帮助我们深入了解代码库的功能。

这些示例都基于以下前提：已有一个创建索引的代码库，并在 GitHub.com 打开了 GitHub Copilot 的对话窗口，且选择了该索引代码库作为对话背景。

1. 如何提问

由于项目众多且运行方式各异，新手往往不知从何入手。下面来看看 Copilot 如何协助我们了解并完成特定任务。

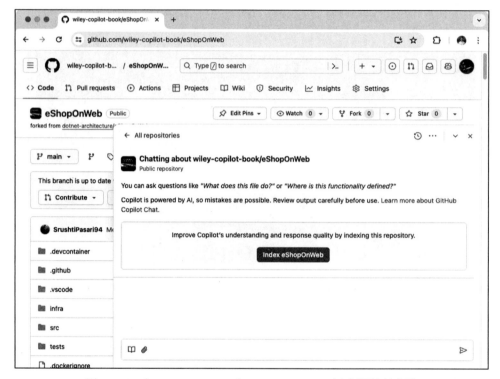

图 15.10　在 `GitHub.com` 为 GitHub Copilot 创建代码库索引

举个例子，向 Copilot 提交以下请求：

```
How can I run the API locally?
```

将这个问题提交给 Copilot 后，会收到如图 15.11 所示的回答。

这一结果融合了索引代码库的细节内容。其中涵盖了所需的数据库连接类型、项目专属的命令行语句，以及基于 Docker 的备选开发容器。

2. 提问位置

接下来，让我们探讨 Copilot 如何为代码库的特定部分提供针对性的结果。在大型代码库中定位特定功能的代码时，简单的符号或关键词搜索往往难以使我们获得全面理解。下面，我们将了解 Copilot 如何增强搜索体验，提供提高工作效率所需的信息。

打开 Copilot Chat 窗口，选择代码库作为对话上下文，向 Copilot 发送请求以了解身份验证的处理位置（见图 15.12）。

以下是 Copilot 请求：

```
Where is authentication handled in our API?
```

第 15 章　探索 GitHub Copilot 商业版与企业版

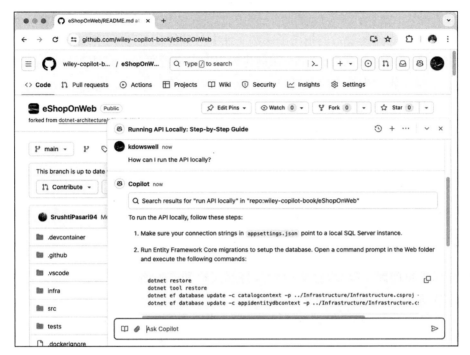

图 15.11　Copilot Chat 对如何在本地运行 API 的回应

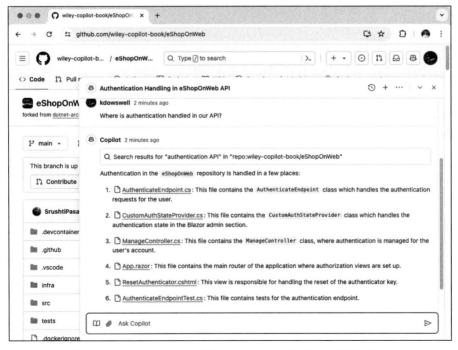

图 15.12　Copilot Chat 回答 API 中身份验证处理位置的回应

在此，Copilot 显示了与身份验证问题相关的重要文件。与传统搜索不同，Copilot 不仅列出了这些文件的功能场景，还指出了这些文件中与身份验证直接相关的具体部分。

通过这个例子可以看到，Copilot 在创建索引方面表现卓越。它能帮我们对代码库进行深入了解，生成逻辑清晰的响应和资源，从而提升工作效率。

15.4 利用知识库获取更优答案

接下来，让我们了解 GitHub Copilot 的知识库功能。此功能专为 GitHub.com 的 Copilot 企业版用户提供。

GitHub Copilot 知识库的主要功能包括：

- **记录项目细节**：知识库可提供项目的完整信息，包括项目的目的、功能、架构、配置及使用指南。
- **分享常见问题（FAQ）**：知识库可解答用户和开发者的常见问题，提供快速解决方案。
- **新成员的入职培训**：知识库可作为项目的权威信息源，帮助新成员快速理解项目。
- **提升代码的可维护性**：通过记录与代码相关的决策、实践和规范，知识库能够帮助维护代码库。
- **减少重复沟通**：通过解答常见问题，知识库可以有效减少项目组内的重复沟通。

15.4.1 创建知识库

要想创建知识库，首先需要具备组织负责人的权限。在 GitHub.com 界面上，单击右上角的个人头像，然后从下拉菜单中选择所在的组织（见图 15.13）。

在此页面选择要添加知识库的组织设置。然后，在左侧菜单中找到 Copilot，展开并选择 Knowledge bases 选项。随即将看到知识库页面，其中包含了创建新知识库的提示（见图 15.14）。

接下来，单击 New knowledge bases，可以为要创建的知识库添加名称、描述，以及指定要引用的代码库。

创建知识库时，应考虑最适合所在组织的策略。一种行之有效的方法是针对软件开发生命周期中的每个具体领域都建立独立的知识库。

以下是几个可供考虑的知识库选项：

- 前端开发
    - UI/UX 设计
    - 前端框架（React.js、Angular）
    - Web 技术（HTML、CSS、JavaScript）
    - 性能优化

第 15 章 探索 GitHub Copilot 商业版与企业版 ❖ 229

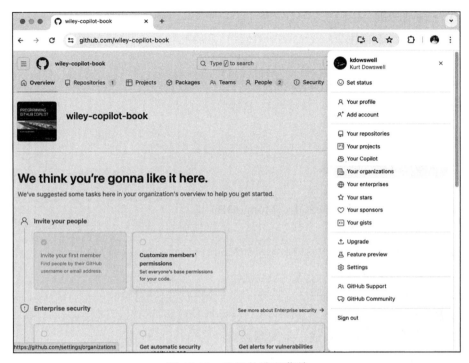

图 15.13 组织的设置菜单

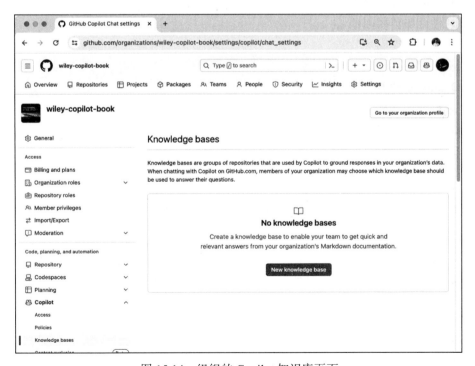

图 15.14 组织的 Copilot 知识库页面

- 无障碍标准
- 跨浏览器兼容性
- ❏ 后端开发
  - 编程语言（Python、Java、Node.js）
  - 服务器与 API 开发
  - 安全实践
  - 可扩展性与性能
  - 与第三方服务的集成
- ❏ 数据库管理
  - 数据库管理系统（MySQL、MongoDB）
  - 数据建模与规范化
  - 性能优化
  - 备份与恢复策略
  - 数据库安全
- ❏ 质量保证
  - 测试技术（单元、集成、系统测试）
  - 测试自动化
  - 缺陷追踪与管理
  - 性能与负载测试
  - CI/CD 集成
- ❏ 信息保障
  - 风险管理
  - 符合安全标准（ISO/IEC 27001、GDPR）
  - 加密与数据保护
  - 事件响应
  - 安全策略与流程
- ❏ 运维
  - 监控与日志
  - 系统管理
  - 事件管理
  - 部署与扩展
  - 灾难恢复与业务连续性
- ❏ 需求管理
  - 需求获取与文档编制
  - 变更管理

- 需求跟踪
- 需求管理工具与软件

这些示例可作为初始的参考信息。但在实际构建知识库时，需要权衡组织需求与团队的协作情况。

我们以前端开发为例来创建对应的前端开发知识库。首先添加名称和可选的描述，然后在内容区域添加相关代码库，如 `dotnet/razor`、`twbs/bootstrap` 和 `dotnet-architecture/eShopOnWeb`（见图 15.15）。

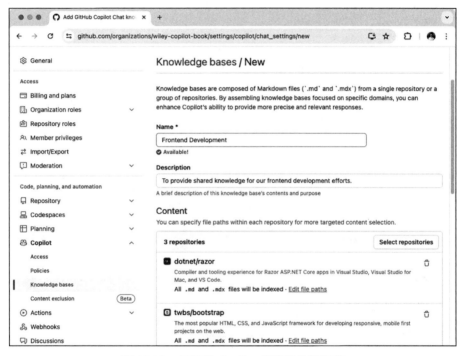

图 15.15　组织的 Copilot 前端开发知识库

选择完知识库所需的代码库后，单击页面底部的 Create 按钮。

现在只需打开一个新的对话窗口，然后单击窗口左下角的"书本"图标（见图 15.16）就可以在 `GitHub.com` 访问 Copilot Chat 的知识库了。

单击此处的 Frontend Development 选项。从图 15.16 中还可以看到，除了前端知识库，我还创建了一个后端开发知识库，以展示菜单的层级结构。

在 Copilot 对话中会出现"chatting with frontend development"的提示。这意味着 Copilot 将参考代码库中的 Markdown 文件来回答本次对话中的问题。

在这个例子中的前端开发知识库用到了 bootstrap，那么，让我们来问一下 Copilot 这个库的最新版本是多少（见图 15.17）。

```
What is the latest version of bootstrap?
```

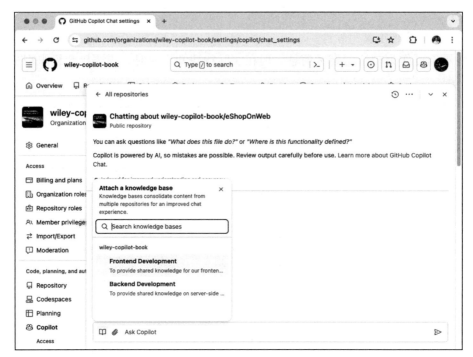

图 15.16　Copilot Chat 知识库菜单

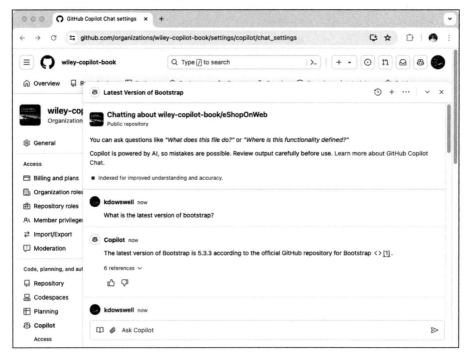

图 15.17　Copilot Chat 询问 bootstrap 版本

在图 15.17 中，我们可以看到 Copilot 参考了 6 个文件，向我们准确地回答了当前最新的 bootstrap 版本，即撰写本书时的 5.3.3 版。

我们再向 Copilot 询问从版本 4 升级到版本 5 时需要进行哪些修改（见图 15.18），以了解 bootstrap 版本更新的相关信息。

```
What updates are required to my classes when moving from bootstrap 4 to
bootstrap 5?
```

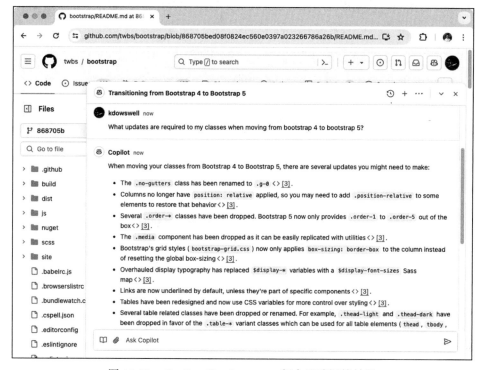

图 15.18　Copilot Chat bootstrap 版本迁移问答结果

我们可以看到，Copilot 汇集了 bootstrap 从版本 4 升级至版本 5 的关键迁移信息，还提供了官方代码库文档的引用（见图 15.18）。

同时，在图 15.18 中我们不仅切换到了 bootstrap 代码库，还继续与 Copilot 保持对话。这种边浏览链接文件边与 Copilot 交互的功能，为用户提供了流畅的使用体验。另外，如果想要在浏览不同页面时快速访问 Copilot，则可以随时将 Copilot Chat 窗口最小化。

15.4.2　总结

从这个简单示例可以看出，此方法能够在整个组织内推广应用。组织可借助最新权威数据源展开高效对话，以快速获取公司专有的内部库、工具或最佳实践信息。这堪称革命性的变化。

有了知识库的助力，个人和团队可以快速参与对话，获取最精准、最有价值的信息，从而保持工作的顺利进行。

15.5　借助 Copilot Chat 处理代码库文件

这一节我们将了解 `GitHub.com` 的 Copilot Chat 如何帮助理解代码库内的文件，以 eShopOnWeb 示例项目代码库为背景，在 Copilot Chat 中提出以下问题（见图 15.19）：

```
What files are used when updating a quantity for a basket item?
```

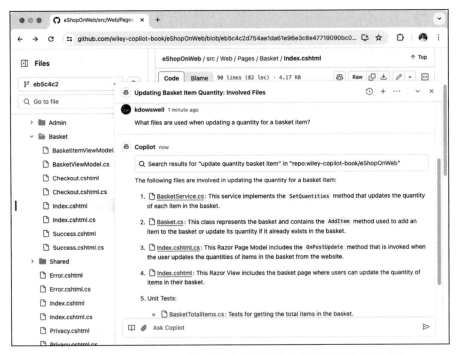

图 15.19　Copilot Chat 回答更新涉及购物篮商品数量的文件的响应

根据上面问题中文件的特定描述以及代码库中的指定功能，Copilot 快速识别了代码库中对应的文件。我们可以根据 Copilot 的结果，打开其中 `Basket.cs` 类文件。

15.5.1　使用 Copilot 解释代码

打开 `Basket.cs` 文件后，我们会发现 Copilot 在多个地方提供协助。例如，在文件顶部菜单栏的 Copilot 按钮允许将该文件的上下文添加到与 Copilot 的对话。当选中文件中的某一行时，该行右侧就会出现 Copilot 按钮（见图 15.20）。

然后，选中代码库文件中 `TotalItems` 属性，从内联 Copilot 菜单中选择 Explain 选项，就会打开一个新的 Copilot 对话窗口，并对文件中选定的代码进行解释（见图 15.21）。

第 15 章　探索 GitHub Copilot 商业版与企业版　❖　235

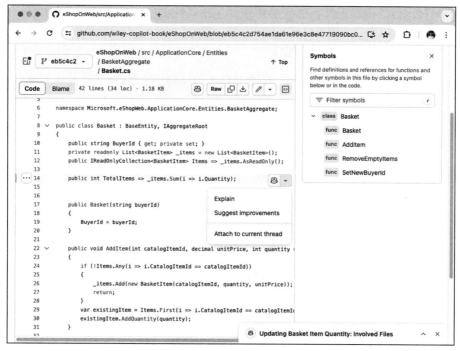

图 15.20　代码库文件中的 Copilot 按钮与菜单

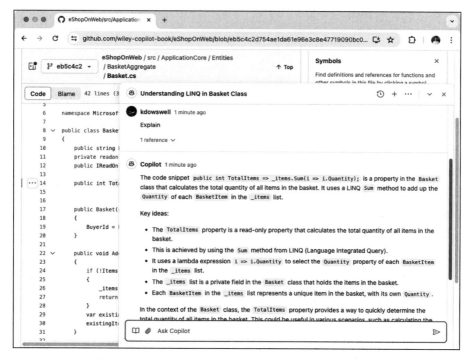

图 15.21　Copilot 针对文件中选定代码进行解释的对话

Copilot 对这行代码做了深入细致的阐释，包括属性类型、所用函数及其用途。

15.5.2 获取 Copilot 的改进建议

回到 `Basket.cs` 文件，我们尝试对文件中的函数进行改进来了解 Copilot 的建议改进功能。先选中 `AddItem()` 函数的代码，然后在内联 Copilot 菜单中选择 Suggest improvements 选项（见图 15.22）。

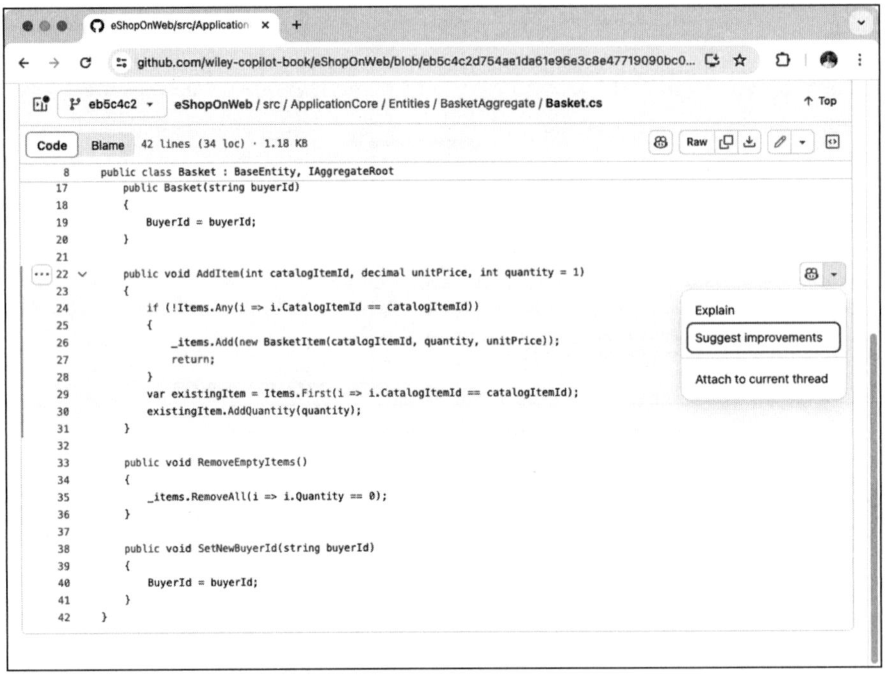

图 15.22 内联 Copilot 菜单的改进建议

选择后，进入与 Copilot 的新对话。Copilot 会立即分析当前代码，评估可改进之处，并在必要时提供最终的代码改进建议（见图 15.23）。

对当前代码，Copilot 指出了三个问题：`item` 属性的重复检查；异常处理不足；`var` 的使用影响了数据值可读性。这些问题都值得考虑，我们需自行判断其准确性及是否符合代码库的规范。

15.5.3 为当前线程附加上下文

最后，`GitHub.com` 的 Copilot Chat 功能允许在对话中使用附加文件和符号，从而为 Copilot 提供更多的上下文信息。在文件视图中，文件顶部的 Copilot 按钮可以快速添加上下文。在例子中，我们单击 `Basket.cs` 文件中的该按钮，对话窗口底部就会出现添加附件提醒（见图 15.24）。

第 15 章　探索 GitHub Copilot 商业版与企业版　❖　237

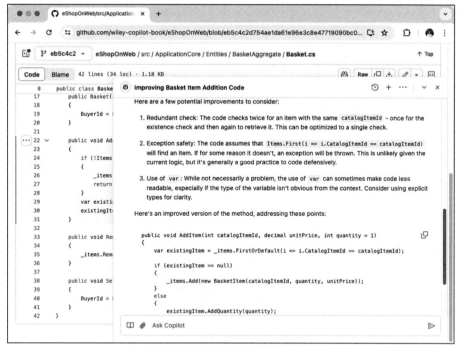

图 15.23　Copilot Chat 对改进购物篮商品添加代码的回应

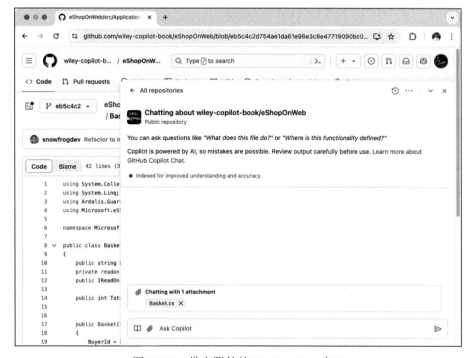

图 15.24　带有附件的 Copilot Chat 窗口

将 `Basket.cs` 文件附加到对话窗口后，我们与 Copilot 进行对话，对话中就会包含来自附件的上下文信息。借助附件，我们还能向 Copilot 提出更简洁的请求（见图 15.25）。

```
Explain the purpose of this file.
```

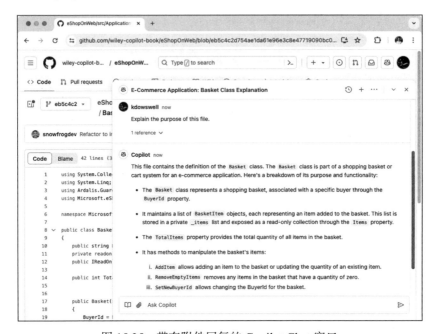

图 15.25　带有附件回复的 Copilot Chat 窗口

从这个例子可以看出，Copilot 能够理解我们提问的上下文，并可以在有限输入的情况下为我们提供富有见地的回应。

除单个文件附件外，我们还可以单击回形针图标，选择多个文件来支持与 Copilot 的对话（见图 15.26）。

利用这种直观的搜索功能，我们可以轻松将文件或符号添加到对话中。在本例中，当 `BasketService.cs` 以附件作为额外上下文后，我们就可以针对这些文件的交互提出具体的问题。

15.6　借助 Copilot 增强拉取请求

在前面的介绍中，我们提到 GitHub Copilot 是学习代码库、代码文件和通用编程问题的得力助手。本节将介绍 Copilot 如何在处理拉取请求时提供帮助，涵盖从最初的构思到最终的提交的整个过程。

先在 `GitHub.com` 打开一个新的 GitHub Copilot Chat 窗口，这个窗口将聚焦于要修改的代码库。在本例中，我们将介绍 Copilot 如何协助编辑 eShopOnWeb 示例项目，以及展示在线商店购物篮页面中为已选商品添加"移除"功能的具体步骤。

图 15.27 展示了待添加商品移除功能的网页购物篮页面。

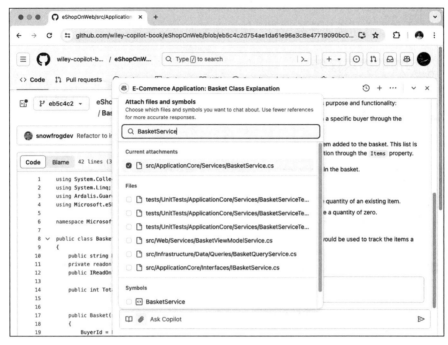

图 15.26　Copilot Chat 窗口中的文件和符号附件搜索

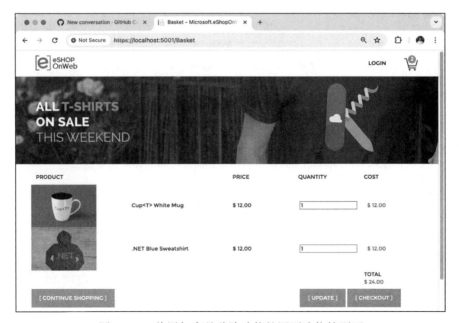

图 15.27　待添加商品移除功能的网页购物篮页面

这里展示的购物篮页面列出了用户的已选商品，包括名称、单价、数量和总价。用户可继续购物、修改商品数量或直接结账。

目前，用户需将商品数量减至零并单击更新才能移除商品。为优化用户体验，我们将在购物篮页面为每件商品添加移除按钮，使操作更加直观便捷。

15.6.1　了解拉取请求任务

在 `GitHub.com` 选择 eShopOnWeb 代码库作为背景，然后在 GitHub Copilot Chat 窗口中向 Copilot 提出以下问题，并获得回应（见图 15.28）：

`How would I add a remove item feature to the basket page?`

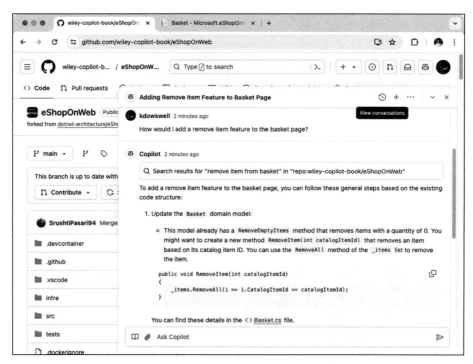

图 15.28　Copilot Chat 针对购物篮页面添加移除商品功能的回应

在回应顶部，会看到 Copilot 使用"remove item from basket"作为搜索词，对已索引的代码库信息进行检索，收集所有必要资源，以全面回应我们的请求。

概括而言，以下是 Copilot 为我们的修改所列出的步骤：

1. 更新 `Basket` 领域模型。

2. 更新 `BasketService` 和 `BasketViewModelService`，以便向 Web 应用层开放功能。

3. 更新购物篮页面（`Index.cshtml` 和 `Index.cshtml.cs`）。

15.6.2 借助 Copilot 进行代码修改

有了 Copilot 生成的任务清单，现在可以着手修改源代码并验证结果了。首先克隆代码库，然后创建一个名为 `feature/remove-item-from-basket` 的分支。

需要注意：在 VS Code 中进行这些更改时，我们需要遵循 eShopOnWeb 代码库 `README.md` 文件中的指示，重点查看"在本地运行示例"部分的指南。除了安装列出的步骤执行外，为了成功运行应用程序，我们还需要在 `Dependencies.ConfigureServices()` 方法中将 `useOnlyInMemoryDatabase` 的默认值设为 `true`。

另外，我们建议在 VS Code 中安装 C# Dev Kit 扩展以获得更好的开发体验。该扩展提供多种语言服务和单元测试的原生支持，可以通过以下链接获取该扩展：

https://marketplace.visualstudio.com/items?itemName=ms-dotnettools.csdevkit

完成本地运行步骤并安装所有依赖后，执行以下 dotnet CLI 命令。

然后，在项目根目录下打开一个终端，执行以下命令来运行 API：

```
cd src/PublicApi
dotnet watch
```

之后，再在项目根目录下打开另一个终端，执行以下命令启动客户端应用：

```
cd src/Web
dotnet watch
```

当 API 和 Web 项目都处于监视模式时，我们就可以进行前面所描述的编辑操作了。

1. 更新 Basket 领域模型

在这个例子中，Copilot 在初始回应中提供了一个 `RemoveItem()` 函数，用于给购物篮页面添加移除功能。根据前面所描述的，我们可以通过使用多种方式与 Copilot 交互来创建此方法。无论是通过内联注释提示 Copilot 补全代码，还是在 VS Code 中开启新对话，或在 GitHub.com 使用 Copilot Chat，最终都会在 `Basket.cs` 文件中添加类似如下这样的函数：

```
public void RemoveItem(int catalogItemId)
{
    _items.RemoveAll(i => i.CatalogItemId == catalogItemId);
}
```

在 `Basket.cs` 文件中添加代码后，可使用 Copilot Chat 进行测试，确保功能正常。先在编辑器中选中 `RemoveItem()` 函数，从侧边栏打开 Copilot Chat 窗口，然后向 Copilot 发送测试请求（见图 15.29）：

```
@workspace /tests #selection #file:BasketAddItem.cs XUnit
```

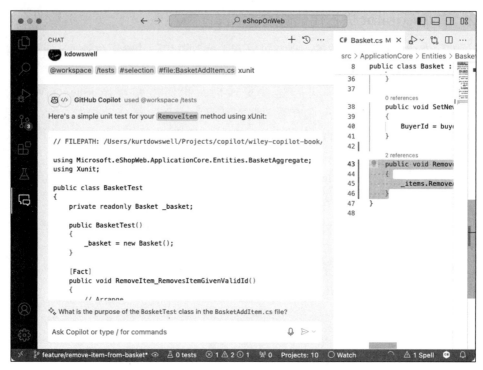

图 15.29　Copilot Chat 为新方法生成测试代码的回应

Copilot 生成的测试结果需进一步的调整才能形成 XUnit 测试。此外，using 语句、命名空间和类名也需要调整。尽管 Copilot 生成的单元测试本身质量不错，但还是要对其严格检查，并按需调整。

2. 更新 Basket Service

首先，因为 BasketService 使用了 IBasketService 接口，我们需要更新该接口文件以驱动本步骤的代码补全。打开 IBasketService.cs 文件，在文件末尾添加以下接口方法声明：

```
Task<Result<Basket>> RemoveItemFromBasket(int basketId, string username, int catalogItemId);
```

下一步，打开 IBasketService.cs 文件作为上下文，再打开 BasketService.cs 文件并滚动到底部。有了接口文件的上下文，Copilot 应能理解我们在类底部添加新行的意图。若无法理解，还可添加内联注释来引导 Copilot 的代码建议（见图 15.30）。

在这里可以看到，借助接口文件的上下文，Copilot 创建了一个函数，实现了与购物篮规格类、购物篮仓库和购物篮类的交互。以下是完整的方法供参考：

```
public async Task<Result<Basket>> RemoveItemFromBasket(int basketId, string username, int catalogItemId)
```

```
    {
        var basketSpec = new BasketWithItemsSpecification(basketId);
        var basket = await _basketRepository.FirstOrDefaultAsync
(basketSpec);
        if (basket == null) return Result<Basket>.NotFound();

        basket.RemoveItem(catalogItemId);
        await _basketRepository.UpdateAsync(basket);
        return basket;
    }
```

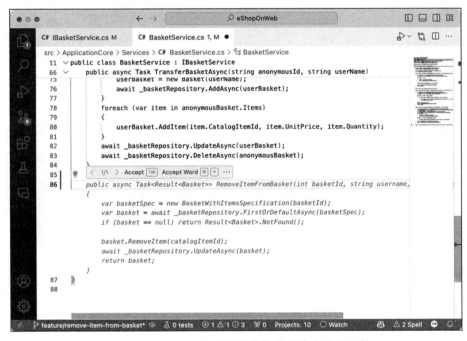

图 15.30　Copilot 生成的从购物篮移除商品的函数

3. 更新购物篮页面

现在更新购物篮页面，使用户能够从中移除商品。

在 `src/web/pages/basket` 文件夹的 `Index.cshtml.cs` 文件中，添加以下函数：

```
    public async Task OnPostRemove(int id)
    {
        var basketView = await _basketViewModelService.GetOrCreateBasket
ForUser(GetOrSetBasketCookieAndUserName());
        var username = GetOrSetBasketCookieAndUserName();
        var basket = await _basketService.RemoveItemFromBasket
(basketView.Id, username, id);
        BasketModel = await _basketViewModelService.Map(basket);
    }
```

实现了这个函数后，需要调整 Index.cshtml 页面以使用新的 RemoveItem-FromBasket 功能：在购物篮项目表格行的右侧添加一个 btn btn-link 按钮，调整网格行的对齐方式，使其与新增的移除按钮保持一致。以下是添加到 cshtml 文件中的按钮代码片段：

```
<section class="esh-basket-item esh-basket-item--middle col-xs-1">
    <button class="btn btn-link" name="removebutton" asp-route-id="@item.CatalogItemId" type="submit" asp-page-handler="Remove">
        Remove
    </button>
</section>
```

完成上述更改后，移除按钮已可正常使用。按前述方法调整布局并添加按钮后，最终效果应如图 15.31 所示。

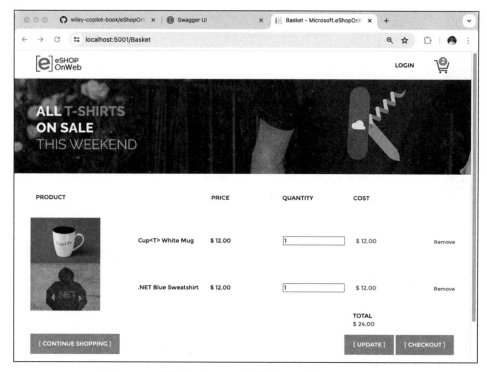

图 15.31　购物篮页面——每件商品配有新的移除按钮

移除按钮就位且运作正常后，我们就可以提交到本地分支并发起拉取请求了。

15.6.3　向功能分支提交变更

当向功能分支提交代码时，Copilot 也能协助生成提交信息。所有 Copilot 计划均可使用此功能，这是一种高效描述代码变更的方式，无须开发者花费大量时间撰写这些信息。

这项功能由闪光图标标识。这个闪光图标用于表示 Copilot 在 VS Code 中可以执行的智能操作（见图 15.32）。

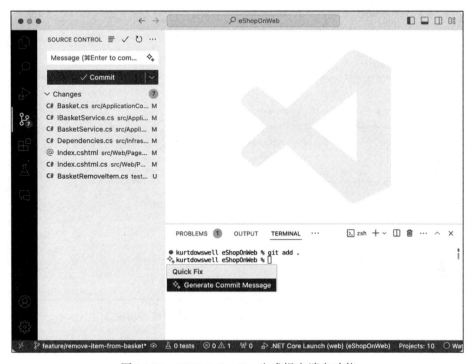

图 15.32　GitHub Copilot 生成提交消息功能

注：GitHub Copilot 生成提交信息功能对所有 Copilot 计划用户开放。

15.6.4　借助 Copilot 概括拉取请求

回到 GitHub.com 的代码库页面后，在顶部会看到一个提示，用于比较并发起拉取请求。单击该提示，进入创建拉取请求的界面。

在拉取请求描述的顶部菜单栏中，会看到 Copilot 图标。单击该图标，选择生成代码变更摘要的选项。单击此菜单后，等待 Copilot 生成描述（见图 15.33）。

Copilot 生成摘要后，需要仔细审核输出内容，并确保与功能分支的修改相符。检查并作必要调整后，就能获得一份包含详细功能调整说明及相关文件链接的输出结果（见图 15.34）。

借助这份拉取请求摘要，团队成员可清晰掌握变更内容，并逐一审核每项更新，确保其合理性。

与此同时，在评审拉取请求的代码差异时，还可以使用 Copilot 解释正在审查的代码，从而获得评估代码库变更所需的信息。

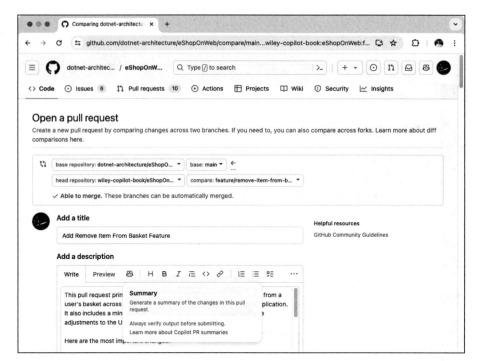

图 15.33　GitHub Copilot 的拉取请求概要功能

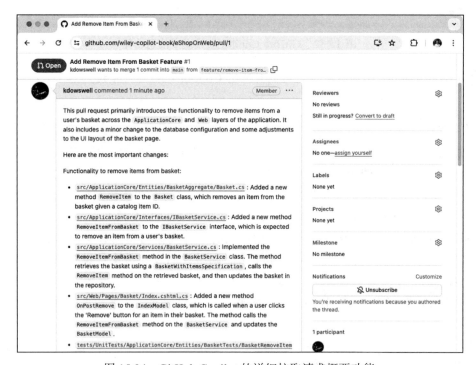

图 15.34　GitHub Copilot 的详细拉取请求概要功能

15.7 管理 GitHub Copilot

GitHub 组织管理员若拥有 Copilot 商业版或 Copilot 企业版的有效计划，则可对访问权限、策略、知识库、内容排除和审计日志进行相应的管理操作。

在 GitHub.com 顶部菜单中，单击个人资料，选择所在的组织。进入组织页面后，单击 settings 按钮。在组织设置页面的左侧"代码、规划和自动化"（Code, planning and automation）栏目下可找到 Copilot 管理菜单。

15.7.1 管理访问权限

在组织设置页面的 Copilot 菜单中，单击 Access 选项可以查看 Copilot 席位数、预估月费、组织的访问控制设置，以及所有拥有访问权限的人员名单（见图 15.35）。

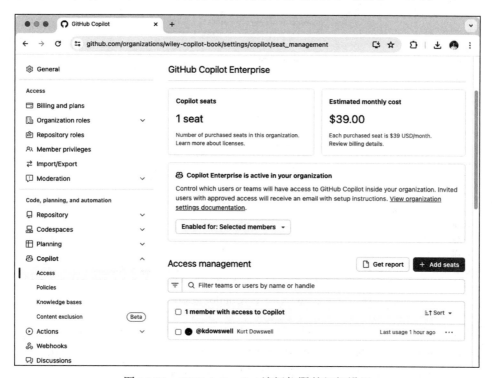

图 15.35　GitHub Copilot 访问权限的组织设置

如图 15.35 所示，我们还可以启用、禁用或为特定成员配置设置。确定某个选项后，可通过搜索工具添加席位，以选择团队或个人成员进行访问权限的设置。

15.7.2 管理策略

我们还可以对 GitHub Copilot 的相关策略进行管理，包括：

- 是否允许匹配公开代码的建议
- 是否启用 GitHub.com 中的 Copilot
- 是否启用 IDE 中的 Copilot Chat
- 是否启用命令行中的 Copilot

图 15.36 展示了组织成员所看到的页面视图，其中包括各项设置及其启用/禁用状态的指示。

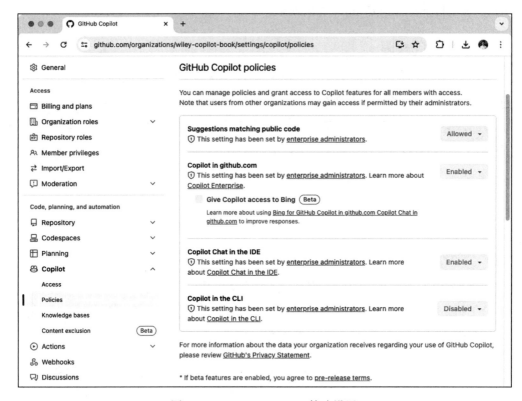

图 15.36　GitHub Copilot 策略设置

控制这些设置可以帮助我们更周全地、更有策略地在组织内推广 Copilot。

这种推广可以：通过统一制定的策略进行，以适用于整个企业；通过将决策权下放至各部门负责人来进行，让他们根据具体情况定制合适的策略。

15.7.3　内容屏蔽

我们还可以设置内容屏蔽以及防止敏感信息泄露。目前，这些屏蔽项仅影响代码补全功能，不影响 Copilot Chat。另外，Copilot 还会阻止用户直接访问指定的屏蔽文件和文件夹（见图 15.37）。

在指定屏蔽项时，请遵循以下格式规范：

```
# Ignore file path
- "/path/to/exclude/*"

# Ignore specific file
- "/path/to/file/file_name.json"

# Ignore file type
- "*.log"

# Ignore file for a specific repository folder
git@wiley.corp.com:copilot-team/book-repo:
    - "*"
```

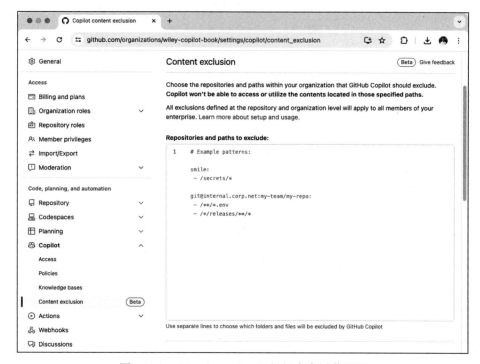

图 15.37　GitHub Copilot 组织级内容屏蔽设置

欲获更多关于允许语法和示例的信息，请访问以下网址查阅官方文档：

> https://docs.github.com/copilot/managing-github-copilot-in-your-organization/configuring-content-exclusions-for-github-copilot

15.7.4　审查审计日志

在组织设置页面的归档菜单中，可以查阅审计日志，了解 GitHub Copilot 相关活动的具体事件（见图 15.38）。

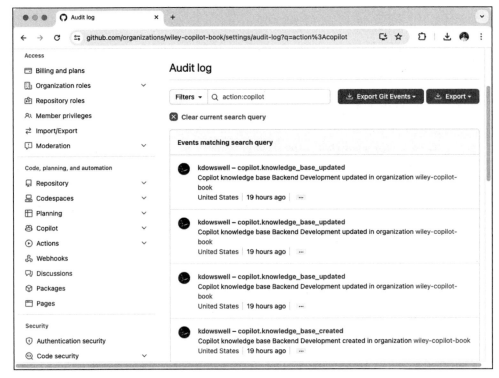

图 15.38　GitHub Copilot 的组织审计日志

同时，还可以利用 `action:copilot` 筛选器查看审计日志，显示所有与组织设置相关的 Copilot 活动记录。

15.8　展望未来

如今，Copilot 企业版为组织的软件开发生命全周期提供了提升效率和能力的关键工具。GitHub 正在快速优化各类开发工具和服务，全面提升开发体验。本节列举了 2024 年值得关注的几个重点。

这些产品功能可能会在经过 Alpha 和 Beta 测试后有所调整，甚至不予发布。尽管如此，未来仍有一些令人期待的新功能即将推出，我们在此一并分享。

15.8.1　用必应搜索增强结果

正如在之前的示例中所看到的，Copilot 在回应中可以引用代码库的文件。基于此，GitHub Copilot 现正推出由必应驱动的网络搜索功能以增强结果。撰写本文时，该功能仍处于 Beta 测试阶段。

Copilot 企业版的管理员在 Copilot 的策略区域开启此项功能即可使用。

15.8.2 使用微调模型定制 Copilot

经过微调的模型能让 Copilot 直接在大语言模型的回应中提供所在组织的特有信息。

这一过程在 Copilot 基础模型上针对组织的特定代码库对模型进行调整。Copilot 的回应中可以直接包含组织特定的代码规范、软件包、文档等内容。

据 GitHub Copilot 官网以下页面显示，此功能正在内部开发中：

https://github.com/features/copilot

值得一提的是，这项功能仅限 Copilot 企业版的用户使用，并将作为 Copilot 企业版的附加服务推出。

15.8.3 Copilot Workspace 增强 Copilot

Copilot Workspace 希望将 Copilot 在 GitHub.com 的功能提升到一个全新的高度。该项目目前作为研究原型出现在 GitHub Next 网站上：

https://githubnext.com/projects/copilot-workspace

Copilot Workspace 旨在"使用可验证的 AI 生成方案和代码简化进行代码库级编辑的过程"[5]。

15.9 结语

本章全面介绍了 GitHub Copilot 商业版和企业版中的功能。从 Copilot 在 GitHub.com 上的基本功能入手，逐步探讨了检索增强生成，以及通过索引代码库如何提升 Copilot 的理解能力等高级特性。

Copilot Chat 在代码库文件中的应用，以及它对改进拉取请求的作用，被视为简化开发流程和提升协作效率的有效方法。本章还探讨了管理 GitHub Copilot 的策略，并展望了这一工具的未来发展方向。

本章内容将协助我们对 GitHub Copilot 等 AI 工具集成到组织的软件开发生命周期进行评估和整合，以应对 AI 在专业工作流程中的机遇与挑战。

15.10 参考文献

[1] GitHub, 2024. "GitHub Copilot Business," https://docs.github.com/enterprise-cloud@latest/copilot/copilot-business.

[2] GitHub, 2024. "GitHub Copilot Enterprise," https://docs.github.com/enterprise-cloud@latest/copilot/github-copilot-enterprise.

[3] .NET Foundation and Contributors, 2024. "dotnet-architecture/eShopOnWeb," `https://github.com/dotnet-architecture/eShopOnWeb`.

[4] Choi N., 2024. "What is retrieval-augmented generation, and what does it do for generative AI?," `https://github.blog/2024-04-04-what-is-retrieval-augmented-generation-and-what-does-it-do-for-generative-ai`.

[5] GitHub, 2024. "Copilot Workspace," `https://githubnext.com/projects/copilot-workspace`.

本书结语

本书对 GitHub Copilot 的探索在此告一段落。我们都已看到，软件开发的格局正经历重大变革。GitHub Copilot 开创了一种新的编程范式，人工智能将不再只是工具，而是我们的协作伙伴，它将显著增强软件开发能力和工作流程，远胜传统工具。

在本书中，我们一起了解了 Copilot 的多个方面，从基本的代码补全，到它在学习新语言、编写健壮测试、重构代码，乃至处理 CI/CD 复杂流程中的作用。我们还一起见证了 Copilot 如何充当通用转换器、诊断和解决错误与缺陷，并协助确保代码的安全。

随着技术的发展，Copilot 也将持续演进，它在软件开发生命周期中的应用将不断扩展。未来，AI 工具必将更深入地融合到 SDLC 的各个阶段，重塑相关职业角色以及行业标准。拥抱这些工具将为我们带来前所未有的生产力和创新。

然而，随着这些技术的进步，负责任地使用 AI 变得尤为重要。我们需要谨慎使用 AI，理解它对隐私、安全和就业的影响。在将 GitHub Copilot 集成到开发实践中时，请保持与社区互动，分享见解，为这一变革性工具的发展贡献力量。

最后，感谢你与我一同探索 Copilot 的特性、功能和应用。希望本书中分享的知识和策略能帮助你或者你的团队在开发中充分发挥 Copilot 的潜力。

# 附录

扩展学习资源

本附录汇集了可以帮助用户理解和使用 GitHub Copilot 的精选资源。从入门指南到订阅计划详情、社区支持和法律指引，应有尽有。无论对于希望将 GitHub Copilot 融入工作流程的新用户，还是想深入了解其影响和伦理问题的用户，这些资源都能提供宝贵信息，提升你对这一创新工具的认知和应用能力。

- GitHub Copilot 概览与订阅计划
- 社区互动与支持
- 法律及伦理考量
- 研究与洞察

GitHub Copilot 概览与订阅计划

本节汇集了探索 GitHub Copilot 的核心资源，涵盖从初始设置到选择合适订阅计划的全面内容。这些资源旨在帮助个人开发者或团队管理者深入了解并充分利用 GitHub Copilot。

GitHub Copilot 入门

方便读者学习如何在开发环境中安装扩展、配置 IDE 或调整 GitHub.com 设置，并开始使用 GitHub Copilot。

https://docs.github.com/copilot

GitHub Copilot 个人版

探索针对独立开发者的 Copilot 个人版的功能与优势。

```
https://docs.github.com/enterprise-cloud@latest/copilot/
copilot-individual
```

GitHub Copilot 商业版

探索为中小型企业量身定制的 GitHub Copilot 商业版计划详情。

```
https://docs.github.com/enterprise-cloud@latest/copilot/
copilot-business
```

GitHub Copilot 企业版

深入介绍 GitHub Copilot 企业版计划提供的全面功能。

```
https://docs.github.com/enterprise-cloud@latest/copilot/github-
copilot-enterprise
```

管理 GitHub Copilot 账单

在这里，可以了解如何获取选择合适的 GitHub Copilot 账单计划的指南，包括免费许可资格信息。

```
https://docs.github.com/enterprise-cloud@latest/billing/
managing-billing-for-github-copilot/about-billing-for-github-copilot
```

GitHub Copilot 产品特定条款

查看 GitHub Copilot 用户适用的具体条款和条件。

```
https://github.com/customer-terms/github-copilot-product-specific-
terms
```

GitHub Copilot 常见问题

获取常见问题解答，涵盖常见疑虑、隐私、负责任的 AI 以及即将发布的功能。

```
https://github.com/features/copilot#faq
```

社区互动与支持

本节提供 GitHub Copilot 用户的社区互动与支持资源，包括用户交流见解、寻求帮助的社区讨论链接，以及访问 GitHub Copilot 信任中心以获取开发过程中具体问题的解答。

GitHub Copilot 社区讨论

探讨如何参与 GitHub 社区，以及讨论 GitHub Copilot 相关的教育资源和支持。

https://github.com/orgs/community/discussions/categories/copilot

GitHub Copilot 信任中心

解答在开发过程中使用 GitHub Copilot 的相关问题。

https://resources.github.com/copilot-trust-center

法律及伦理考量

本节探讨使用 GitHub Copilot 和 AI 技术相关的法律和道德问题。它包含了微软和政府机构提供的资源，概述了版权问题、负责任的 AI 实践，以及旨在确保 AI 系统道德部署的监管框架。这些文件对于理解 AI 融入专业环境的广泛影响和责任至关重要。

微软 Copilot 版权承诺

详细阐述了微软对使用 Copilot 的版权问题。

https://blogs.microsoft.com/on-the-issues/2023/09/07/copilot-copyright-commitment-ai-legal-concerns

推动负责任的 AI 实践

了解微软对其促进负责任的 AI 使用的努力和政策的阐释。

https://www.microsoft.com/ai/responsible-ai

AI 权利法案蓝图

这是美国政府制定的确保 AI 技术安全和公平使用的框架。

https://www.whitehouse.gov/ostp/ai-bill-of-rights

欧盟人工智能法案

详述了欧盟针对人工智能应用的监管立法。

https://artificialintelligenceact.eu

研究与洞察

本节将深入探讨 GitHub Copilot 和生成式 AI 的相关研究和见解，包括 GitHub Copilot 对开发者效率的影响研究、使用的大语言模型分析，以及 OpenAI Codex 简介。这些资源为 AI 技术如何改变软件开发实践提供了宝贵的参考。

什么是检索增强生成

概述检索增强生成对生成式 AI 的影响。

https://github.blog/2024-04-04-what-is-retrieval-augmented-generation-and-what-does-it-do-for-generative-ai

量化 GitHub Copilot 对生产力的影响

对 GitHub Copilot 如何提升开发者效率与满意度的研究。

https://github.blog/2022-09-07-research-quantifying-github-copilots-impact-on-developer-productivity-and-happiness

AI 对开发体验的影响

对 AI 如何改变开发者的工作方式与体验的深入调查。

https://github.blog/2023-06-13-survey-reveals-ais-impact-on-the-developer-experience

GitHub 内幕：大语言模型应用

GitHub 工程师分享开发 Copilot 时使用大语言模型的心得。

https://github.blog/2023-05-17-inside-github-working-with-the-llms-behind-github-copilot

OpenAI Codex 简介

探索 Copilot 背后的 AI 模型 Codex，了解其对多语言代码的理解与执行能力。

https://openai.com/blog/openai-codex

术 语 表

人工智能（Artificial Intelligence，AI）——机器，特别是计算机系统模拟人类智能过程的能力。

《人工智能权利法案》(AI Bill of Rights)——由白宫提出的一份非约束性文件，概述了公民在人工智能增强世界中应有的权利。该法案强调了隐私、透明性和公平性三个关键原则。

《人工智能行政命令》(AI Executive Order)——美国总统发布的指令，要求联邦机构在其运营中采用并监督负责任的人工智能实践。

Angular——一种采用 HTML 和 TypeScript 语言构建客户端单页 Web 应用程序的平台和框架。

@terminal agent——Copilot Chat 中协助终端相关任务和查询的智能代理，旨在优化开发流程中的终端使用。

@vscode agent——Copilot Chat 中用于询问或与 Visual Studio Code 环境中特定功能互动的关键词。

@workspace agent——Copilot Chat 中允许用户与整个工作空间互动的关键词，使 AI 能从项目所有文件获取上下文来生成回应。

Azure Data Studio——微软开发的跨平台数据库工具，旨在帮助数据专业人员在 Windows、macOS 和 Linux 上管理 SQL Server、Azure SQL 数据库和 Azure SQL 数据仓库。

行为驱动开发（Behavior-Driven Development，BDD）——一种软件开发方法，用自然语言编写规范，在开发、质量保证（QA）和非技术利益相关者之间建立共识，专注于软件单元的预期行为。

Bootstrap——一个免费的开源 CSS 框架，专注于响应式、移动优先的前端开发。

C#——微软开发的面向对象且类型安全的编程语言，旨在使开发人员能够构建运行在 .NET 生态系统上的安全可靠程序。

能力成熟度模型集成（Capability Maturity Model Integration，CMMI）——CMMI 研究所管理的过程改进培训和评估程序，为组织提供有效流程的基本要素以提升其绩效。

代码重构（code refactoring）——在保持外部行为不变的前提下进行代码结构调整，主要目的是提高可读性、降低复杂度，增强可维护性和可扩展性。

代码安全（code security）——保护代码免受漏洞、未授权访问等威胁的实践和流程，确保软件按预期运行无异常。

CodeQL——一种代码分析工具，可用于 GitHub Actions 和 Azure DevOps 流水线，在代码合并和部署前自动识别代码漏洞。

上下文提示（contextual prompting）——Copilot Chat 使用的技术，通过 #editor、#file 等标签增强 AI 对用户编码环境和意图的理解。

持续部署（Continuous Deployment，CD）——一种软件发布策略，代码变更会自动准备并部署至生产环境，无须开发人员显示批准，从而实现快速和自动化的发布。

持续集成（Continuous Integration，CI）——一种软件开发实践，开发者频繁将代码变更合并至中央代码库，随后自动执行构建和测试流程。

CSRF 保护（Cross-Site Request Forgery protection）——防范跨站请求伪造的措施，这是一种利用受信任用户身份发送未授权指令的网站攻击手法。

数据加密（data encryption）——将明文数据转换为密文形式，以防止未授权访问的方法。

DevSecOps——全称为开发、安全和运维，它将安全实践融入 DevOps 过程中。在软件开发生命周期的各个阶段强调安全，旨在减少安全漏洞，保障高质量软件的持续交付。

Dockerfile——一个包含用户可在命令行执行的全部组装镜像指令的文本文件。Docker 能通过读取 Dockerfile 中的指令自动构建镜像。

dotnet CLI——.NET 的命令行界面，用于在命令行或终端中创建、运行和管理 .NET 应用程序。

#editor context 变量——在提示中用于为 GitHub Copilot 提供编辑器窗口中可见代码的上下文信息，有助于生成相关且准确的代码建议。

端到端测试（end-to-end tests）——一种全面的测试方法，验证应用程序从开始到结束的每个流程。这种测试确保系统的各组件从用户视角协同运作，符合预期。

Entity Framework——.NET Framework 中的一个开源的对象关系映射（ORM）框架。

ESLint——一款可扩展和可定制的 JavaScript 代码检查工具，用于识别和报告 JavaScript 代码模式，提高代码一致性并避免缺陷。

EU AI Act——欧盟人工智能法案，旨在通过制定伦理实践、风险评估和合规标准来规范欧盟境内人工智能系统的应用。

/explain 命令——Copilot Chat 中用于请求详细解释或讨论特定代码片段或概念的指令。

#file 上下文变量——一种标签，让用户可以指定 GitHub Copilot 在对话中需要考虑的文件，即便这些文件当前并未打开。

FIPS（Federal Information Processing Standards，联邦信息处理标准）——美国联邦政府制定并公开发布的计算机系统使用标准。

/fix 命令——Copilot Chat 中使用的命令，可根据错误上下文为代码提供修正建议。

Gartner 技术成熟度曲线（Gartner Hype Cycle）——IT 研究咨询公司 Gartner 用于

描述特定技术的成熟度、采用率和社会应用状况的分析方法。

生成式 AI 模型（generative AI models）——能够根据训练数据创造新内容的人工智能模型。

Gherkin 语法——一种易于理解的特定领域语言，用于描述软件行为而无须详述实现方式。主要应用于编写行为驱动开发（BDD）的结构化测试。

GitHub——一个版本控制与协作平台，让开发人员能够在全球各地共同开发项目。

GitHub Actions——GitHub 的 CI/CD 平台，可自动化所有软件工作流程，提供一流的 CI/CD 功能。可直接在 GitHub 上构建、测试和部署代码。

GitHub 高级安全——GitHub 的一套功能集，提供安全代码开发工具，如检测漏洞的代码扫描功能。

GitHub Classroom——GitHub 针对教育打造的自动化工具，可用于作业的分发与收集。

GitHub CLI——GitHub 提供的命令行工具，可直接在命令行执行克隆代码库、管理议题和处理拉取请求等 GitHub 操作。

GitHub Copilot——一款 AI 驱动的编程工具，旨在通过在编程过程中提供代码片段和完整函数建议来协助开发者，堪比虚拟的结对编程伙伴。

GitHub Copilot 商业版——一种订阅计划，在 Copilot 个人版基础上增添了管控与安全功能。此计划使组织能够管理团队内 GitHub Copilot 的使用情况，确保符合安全政策及运营需求。

GitHub.com 内的 Copilot 对话——Copilot 企业版的一项功能，让用户能直接在 GitHub.com 界面与 Copilot 交互，便于讨论和查询代码相关问题。

GitHub Copilot 企业版——为使用 GitHub Enterprise Cloud 的大型组织量身打造的高级订阅方案。此方案包括 Copilot 商业版的全部功能，以及新增的一些独特能力，如浏览器内直接与 Copilot 交互、使用 GitHub.com 高级 AI 功能，以及更全面地控制 Copilot 与组织的代码库和数据的互动。Copilot 企业版与 GitHub 生态系统紧密集成，旨在全面提升组织内的开发效率。

GitHub Copilot 知识库——GitHub Copilot 企业版的一项功能，让组织能够建立和管理中央知识库、文档和常见问题，从而提升 GitHub Copilot 的上下文理解能力和回答准确度。

GitHub Copilot 漏洞防御系统——GitHub Copilot 的一项安全增强功能。它能实时识别并阻止不安全的代码模式，确保所提供的代码建议符合最佳安全实践，帮助开发者在编程时避开常见的安全隐患。

GPT-3（生成式预训练转换器 3）——OpenAI 于 2020 年发布的第三代大语言模型。

GPT-4（生成式预训练转换器 4）——OpenAI 于 2023 年发布的第四代大语言模型，是生成式预训练转换器系列的最新版本。

HTTPS（超文本传输协议安全版）——HTTP 的安全扩展，用于在计算机网络上进行加密通信。

集成测试（integration testing）——软件测试的一个阶段，将独立单元组合并作为整体进行测试，旨在暴露集成单元之间的交互缺陷。

JavaScript——一种高级解释型编程语言，遵循 ECMAScript 规范。作为 Web 核心技术之一，它与 HTML 和 CSS 一起实现交互式网页。

JetBrains IntelliJ IDEA——JetBrains 公司的一款集成开发环境，主攻 Java 开发，通过插件还可支持多种编程语言和技术。

遗留系统（legacy system）——虽已陈旧但依然在用的方法、技术、计算机系统或应用程序。

现代化改造（modernization）——对遗留软件系统进行重构、重新架构或替换的过程，使其更好地适应当前的业务需求。

Neovim——Vim 的升级版，开源文本编辑器，功能更强大，操作更便捷，专为复杂编辑和开发任务设计。

NestJS——一个用于构建高效、可靠、可扩展的服务端应用的渐进式 Node.js 框架。

.NET——免费、跨平台、开源的开发平台，用于构建多种类型的应用程序，以其稳健性和广泛的功能而闻名。

.NET Core SDK——用于开发 .NET 应用程序的软件开发工具包，包含运行时和创建 .NET 应用的命令行工具。

/new 命令——用于根据用户指定的要求在特定编程环境中搭建新项目或代码库框架的命令。

/newNotebook 命令——触发创建结构化 Jupyter Notebook 的指令，适用于探索性数据分析等任务，充分利用 Copilot 搭建代码框架的能力。

NIST（美国国家标准与技术研究所）——美国商务部下属机构，负责制定各类标准，包括数据加密标准。

Node.js——一个开源、跨平台的 JavaScript 运行环境，能在浏览器之外执行 JavaScript 代码。

OpenAI Codex——GPT-3 模型的后代，专门训练用于理解和生成多种编程语言的代码。

OWASP（Open Web Application Security Project，开放式 Web 应用安全项目）——一个在线社区，免费提供 Web 应用安全领域的各类资源，包括文章、方法论、文档、工具和技术。

OWASP Top 10——开发者和网络应用安全的权威参考文档，反映了业界对 Web 应用最严重安全风险的共识。

结对编程——一种软件开发技术，两名程序员协作。其中一人（驱动者）编写代码，另一人（观察者或引导者）实时审查每行代码。两人频繁交换角色。

Pandas——一个基于 Numpy 的开源 Python 库，用于数据分析和机器学习，支持多维数组操作。

Polars——高性能数据处理库，提供类似 Pandas 的 DataFrame 对象，但性能更出色。

提示工程（prompt engineering）——构建精准有效的提示语句，以提升 AI 系统响应质量的技巧，在使用 GitHub Copilot 等工具时至关重要。

React.js——用于构建用户界面的 JavaScript 库，尤其适合需要快速响应用户操作的单页应用程序。

红队测试（red teaming）——一种策略，团队主动寻找并尝试利用系统中的新漏洞，以识别和缓解潜在的安全隐患。

负责任的人工智能（responsible AI）——遵循公平、透明和问责等原则，确保人工智能技术在开发和应用过程中安全、道德、可靠的一套实践方法。

检索增强生成（Retrieval-Augmented Generation，RAG）——一种通过实时从外部知识库获取数据来增强大语言模型输出的过程，确保生成的内容准确、相关且反映最新信息。

Visual Studio——微软开发的集成开发环境，支持多种编程语言，为开发和管理复杂软件项目提供丰富工具。

VS Code（Visual Studio Code）——微软推出的免费源代码编辑器，支持 Windows、Linux 和 macOS。具备调试、语法高亮、智能代码补全、代码片段和重构等功能。

推荐阅读

推荐阅读